ABHANDLUNGEN ZUR
THEORIE DER ORGANISCHEN ENTWICKLUNG
ROUX' VORTRÄGE UND AUFSÄTZE ÜBER ENTWICKLUNGS-
MECHANIK DER ORGANISMEN · NEUE FOLGE
HERAUSGEGEBEN VON
H. SPEMANN FREIBURG I. B. · W. VOGT MÜNCHEN · B. ROMEIS MÜNCHEN

HEFT I

ADAPTIOGENESE UND PHYLOGENESE

ZUR ANALYSE DER ANPASSUNGSERSCHEINUNGEN UND IHRER ENTSTEHUNG

VON

ALBERT EIDE PARR
IN BERGEN, NORWEGEN

SPRINGER-VERLAG BERLIN HEIDELBERG GMBH
1926

ISBN 978-3-642-90224-6 ISBN 978-3-642-92081-3 (eBook)
DOI 10.1007/978-3-642-92081-3

Das Wesen der Anpassungen.

Der logische Inhalt des Anpassungsbegriffs.

Was beim Lesen der biologischen Literatur sofort in die Augen fällt, ist ein bedauernswertes Fehlen logischer Definitionen; mit besonderer Schärfe tritt dies bei dem Begriff der Anpassungen und den damit verknüpften Erscheinungen hervor.

Am häufigsten drückt man sich so aus als wenn die Anpassungen etwa als Eigenschaften der Organismen aufzufassen wären; noch nie hat Verf. den Versuch einer ganz abstrakt-logischen Definition gefunden, und dieses Fehlen macht sich auch im praktischem Sprachgebrauch deutlich bemerkbar. Ein Ausdruck wie z. B., daß dieser oder jener Organismus gewisse Anpassungen zeige, findet sich überall, und ist doch logisch ganz und gar unberechtigt. Die Anpassung ist eben keine Eigenschaft, sondern eine Relation, ein gegenseitiges Verhältnis zwischen dem Organismus und seinen Umgebungen, und kann als solches logisch nur durch sich selbst ausgedrückt werden, weder durch das eine, noch durch das andere der bezüglichen Korrelate allein. Niemand wird sagen, daß die festen Grassteppen Anpassung an die Pferde zeigen, und doch wäre dies ebenso richtig oder unrichtig wie von den Anpassungen der Pferde an die Steppen zu sprechen. Logisch darf man nur von dem Anpassungsverhältnis zwischen Pferd und Umgebung sprechen; wenn aber trotzdem die Charaktere dieses Verhältnisses zu dem einen der Korrelate zurückgeführt werden, und dann immer nur zum Organismus als Eigenschaften desselben, nicht zu den Umgebungen, so gründet sich dies erstens auf die Vermischung der reellen Adaptionsverhältnisse mit den später zu besprechenden prospektiven Adaptionen, zweitens auf die vielleicht unbewußte Voraussetzung, daß es die Organismen sind, die sich den Umgebungen angepaßt haben, d. h., daß sich die phylogenetischen Stammeslinien nach Bedürfnis der Umgebungen verändert haben. In dieser Weise involviert also selbst die einfachste Besprechung der Anpassungen schon vorgefaßte Meinungen über die Entstehungsweise der Erscheinungen. Um in die Stellung der Probleme Klarheit zu bringen, muß man daher zuerst diese verborgenen Voraussetzungen in Denk- und Ausdrucksweise durch rein logische Definitionen loswerden.

Daß die Anpassungen als Relationen zu definieren sind, ist m. E. überflüssig näher nachzuweisen; ein bißchen dunkler ist die Form, in der diese Relation ihren Ausdruck findet. Ist es ein Verhältnis zwischen Funktionen, oder Formen oder wie? Wieder stoßen wir auf die vorgefaßten Meinungen im Sprachgebrauch. Wir können die Formen eines Organismus ohne weiteres als Anpassungen an die Umgebungen bes hrieben finden, wobei das Anpassungsverhältnis wie ein Verhältnis zwischen Formen gedacht wird. Doch ist diese Auffassung (oder vielleicht ist es nur eine Ausdrucksweise?) offenbar falsch, denn die Formen allein stehen in durchaus keinem andern Verhältnis zu den Umgebungen als dem rein stereometrischen, und dies ist als solches für den lebenden Organismus ganz bedeutungslos. Erst wenn die Form zum Sitz einer Funktion wird, deren Charakter sie bestimmt, bekommt sie biologische Bedeutung als ein aktiver, organischer Mechanismus. Pferd und Pferdekadaver haben ja dieselbe Form, aber nur die Formen des lebenden Pferdes, die mit Funktionen verknüpft sind, stehen natürlich in irgendwelchem Anpassungsverhältnis zu den Umgebungen, dagegen nicht die funktionslosen Formen des Kadavers. Auch solche Erscheinungen wie Schutz-farben und -formen sind ja von biologischer Bedeutung nur, wenn sie durch Reflexion von Lichtstrahlen bei den Verfolgern des Organismus gewisse Gesichtsvorstellungen hervorrufen. Es wird also erst durch ihre Funktionen bewirkt, daß die Organismen zu ihren Umgebungen in derartige Verhältnisse treten, daß diese zu den biologischen Anpassungsverhältnissen gerechnet werden dürfen. Nun kann aber ein reelles physisches Verhältnis nur zwischen Erscheinungen aus derselben Kategorie bestehen, so können also die Funktionen der Organismen nicht in einer Relation zu den Formen der Umgebungen, sondern nur zu deren Funktionen bestehen. Was wird nun also der reelle Inhalt des Begriffs: Funktion der Umgebung?

Es ist nicht schwer diese Frage zu beantworten. Als wir oben von Reflexion der Lichtstrahlen bei Schutzfarben sprachen, erwähnten wir schon indirekt eine Funktion der Umgebungen, nämlich das Aussenden von den später zu reflektierenden Lichtstrahlen. Dabei bleibt es aber nicht. Auch der Verfolger des Organismus ist ein Teil seiner Umgebungen, und so werden auch die Perzeption der Schutzfarben und das Assoziieren »falscher« Vorstellungen damit Funktionen der Umgebungen. Wenn ein vierfüßiges Tier sich über den Boden bewegt, fungiert der letztere durch seinen Gegendruck gegen die Unterstützungsebenen der Glieder, es zeigt sich dies am besten, wenn man Bewegungen über verschiedenartige Böden vergleicht, z. B. über Flugsand und über festen Felsen, wo die Bewegungen des Tieres verschieden werden, nicht aus inneren Ursachen, sondern weil die Funktionen der Umgebungen verschieden sind.

Wir haben bis jetzt von den Funktionen des Organismus und der Umgebung, jede für sich gesprochen; dies waren aber nur vorläufige und ganz abstrakte Ausdrucksweisen, denn solche selbständige Teilfunktionen sind ganz unwirkliche Begriffe, in der Realität gibt es nur eine einheitliche Funktion, die Totalität der beiden abstrakten Partialfunktionen, deren Charakter durch den Mechanismus des Organismus, sowohl als durch denjenigen der Umgebungen bestimmt wird. Wir erreichen dann folgende Definition:

Wenn die reellen, vom totalen Mechanimus des Organismus und seiner Umgebungen zusammen bestimmten Funktionen einen für die Bewahrung des Organismus günstigen Charakter haben, besteht ein Anpassungsverhältnis zwischen dem bezüglichen Organismus und seinen Umgebungen.

Diese ist nach der Meinung des Verf. die beste theoretische Definition, die dem logischen Begriff: Anpassungsverhältnis ohne Nebeninhalt vorgefaßter Meinungen gegeben werden kann. In sie findet der funktionelle Charakter des Verhältnisses, die Einheitlichkeit der Funktion und zugleich ihre doppelte Bestimmung durch sowohl den inneren als den äußeren Mechanismus, sowohl als die gegenseitige Selbständigkeit und gleichwertige Bedeutung dieser zwei Korrelate beim Bestimmen der Relation ihren klarsten Ausdruck. Insbesondere scheint die Definition durch ihre letztgenannte Eigenschaft für die theoretische Betrachtung der Probleme von Nutzen werden zu können, indem sie damit auch den Möglichkeiten des zweiten Korrelats: den Umgebungen, ihren berechtigten Platz sichern. Dadurch ist, wie Verf. im folgenden zu zeigen versuchen will, schon die richtige Lösung des Evolutionsproblems angedeutet.

Logische Analyse der Methode, und praktische Begrenzung der Erscheinungen.

Für die praktische Forschung ist aber die eben erreichte theoretische Definition nicht günstig. Sie erlaubt keine generellen Konklusionen, sondern baut nur auf die konkreten Fälle, und gibt deswegen keine praktische Methode; denn eine direkte Wahrnehmung der konkreten Anpassungsverhältnisse selbst ist schwierig, und nur selten möglich. Wir brauchen also auch eine selbständige Methode der Beobachtungen, oder, wenn man so sagen will, eine praktische Definition der Erscheinungen, wodurch diese von leichter wahrnehmbarer Grundlage aus denselben Begrenzungen gegeben werden, wie durch die theoretische Definition.

Die reellen Funktionen müssen natürlich unter allen Umständen unter den für jedes Korrelat abstrakt möglichen: unter ihren prospektiven Funktionen sein. Gleichwie die möglichen Funktionen einer Maschine durch ihre Konstruktion bestimmt sind, und durch ein Studium dieser letzteren allein nachgewiesen werden können, wenn es keine Gelegenheit gibt, die Maschine in Tätigkeit zu betrachten, so lassen sich auch die prospektiven Funktionen eines Organismus durch eine Untersuchung ihres ruhenden oder toten Mechanismus feststellen. Untersucht man z. B. die Locomotionsorgane einer Möwe, so findet man gleich, daß Flug in der Luft, zweifüßiger Gang am festen Boden und Schwimmbewegungen an der Oberfläche des Wassers unter ihren prospektiven Funktionen sind.

Unter prospektiven Funktionen eines Organismus versteht man also sämtliche Funktionen, die er in allen denkbaren, d. h. unendlich variierten Umgebungen würde ausführen können.

Dementsprechend ergibt es sich für die Umgebungen, daß ihre prospektiven biologischen Funktionen sämtliche Funktionen sind, die unendlich variierten Organismen durch diese Umgebungen möglich sein würden. So haben wir z. B. für die Meere, bezüglich der Locomotion, Bewegungen auf und in dem Wasser, von den letzteren weiter: Schweben, Schwimmen, Schlängeln, Strudeln usw. ins unendliche, indem auch die durch die physikalischen Eigenschaften des Wassers möglichen Locomotionen, die vielleicht noch durch keinen lebenden Organismus realisiert worden sind, logisch im Begriff eingeschlossen sind.

Von rein logischem Interesse ist es hier zu bemerken, daß die prospektiven Funktionen nicht die Summe der früher besprochenen abstrakten Partialfunktionen der Korrelate sind, sondern zu einer ganz anderen Begriffsklasse gehören, indem sie ja als Summe der möglichen, einheitlichen Totalfunktionen definiert worden sind.

Da die reellen Funktionen, die das Leben des Organismus ausmachen, durch dessen eigenen Mechanismus und den der Umgebungen in Gemeinschaft bestimmt werden, müssen sie also immer innerhalb der Begrenzung der für diese beiden Partialmechanismen gemeinsamen prospektiven Funktionen sein. Wenn z. B. eine Möwe sich im Meere bewegt, ist die gemeinsame prospektive Funktion der Möwe und des Wassers Ruderbewegung an der Oberfläche, diese ist dann auch die reelle Locomotion in diesem Falle. Fliegen und Gehen ist ebenso wie Schlängeln und Strudeln ausgeschlossen.

Wir haben also hier die praktische Methode zum indirekten Nachweis der reellen Funktion durch Untersuchung des Organismus und der Umgebungen, jedes für sich allein. Der Verf. ist sich natürlich vollständig klar darüber, daß diese nicht eine neue, sondern nur die allgemein angewandte Methode ist; die Absicht ist auch nur eine Darlegung ihrer logischen Herleitung, und damit auch des theoretischen Werts ihrer Resultate gewesen.

Nach unserer theoretischen Definition waren die Anpassungsverhältnisse durch die Günstigkeit der reellen Funktionen gekennzeichnet; wenn weiter die reellen Funktionen von den gemeinsamen prospektiven begrenzt werden, so gibt sich daraus die folgende praktische Definition:

Wenn die gemeinsamen prospektiven Funktionen eines Organismus und seiner Umgebungen für den Organismus günstige und hinreichende sind, besteht ein Anpassungsverhältnis zwischen diesem und seinen Umgebungen.

Im ersten Augenblick möchten wir denken, es wäre für den Organismus günstig, wenn es überhaupt gemeinsame prospektive Funktionen gebe. Daß es nicht so ist, ist jedoch leicht zu zeigen. Daß es keine gemeinsame prospektive Funktionen gibt, bedeutet ja einfach, daß eine jede Lebenstätigkeit dem bezüglichen Organismus in den bez. Umgebungen unmöglich ist, aber auch nicht eine oder mehrere gemeinsame prospektive Funktionen sind hinreichlich, solange nicht sämtliche notwendige Lebensfunktionen unter ihnen sind.

Nun waren die prospektiven Funktionen rein mechanisch definiert, es ist daher in keinerlei Weise gegeben, daß sie alle in ihrer Realisierung für den Organismus günstig sein müssen. Eine jede Lebenstätigkeit mag unter Umständen, bei den sog. Unglücksfällen, schädlich werden, und zweifellos gibt es auch viele Funktionen, die in ihrem normalen Verlauf von schädlicher Wirkung oder Nebenwirkung sind, vielleicht sind alle »natürlichen« Todesfälle Resultate solcher schädlichen Wirkungen.

Daher müssen die gemeinsamen prospektiven Funktionen auch als hinreichende und hinreichend günstige bestimmt werden, wenn man ein Anpassungsverhältnis nachweisen will.

Wie verhält sich nun die allgemein benutzte Einteilung der Anpassungserscheinungen in Anpassungen an Funktion und an Umgebung zu den eben erreichten Definitionen? Erstens beruht sie auf der schon früher nachgewiesenen Voraussetzung, daß es die Organismen sind, die sich angepaßt haben, aber eben wenn wir bewußt von dieser Voraussetzung ausgehen, wird die Einteilung widersinnig, denn wenn es die Organismen wären, die sich den Umgebungen angepaßt hätten, hieße dies nur, daß sie sich zum Realisieren, d. h. zum Ausüben der prospektiven Funktionen der bezüglichen Umgebungen phylogenetisch eingestellt hätten. Überhaupt gibt es also als logische Konsequenz dieser Anschauung nur Anpassungen an Funktion. Wir werden später sehen, wie eine entsprechende Einteilung jedoch von der ganz entgegengesetzten Auffassung aus einen wirklichen logischen Wert bekommt.

In unsere Definition ist noch kein historisches Moment aufgenommen worden; da aber das Leben kein Zustand im Raume ist, sondern ein Vorgang in Raum und Zeit, ist keine biologische Definition vollständig, solange sie nicht auch die Erscheinungen geschichtlich begrenzt.

Eine Übereinstimmung zwischen dem Organismus und seinen Umgebungen mag von rein »zufälliger« Natur sein, oder ihre Existenz mag gesetzmäßig bestimmt sein; nur die letzteren sind natürlich als Anpassungsverhältnisse zu betrachten. Durch Eingreifen der biologischen Gesetze kann aber das durch zufälliges Zusammenstoßen aneinanderpassender Organismen und Umgebungen entstandene Übereinstimmungsverhältnis befestigt und permanent werden. Durch diese gesetzmäßige Fortdauer wird das ursprünglich zufällige Verhältnis also ein Anpassungsverhältnis. So sehen wir, das zwei Wege der Entstehung der Adaptionen gedacht werden können, nämlich durch eine Erhaltung der zufälligen Übereinstimmungen, oder durch ein direktes Zusammenbringen der aneinanderpassenden Organismen und Umgebungen. Indessen wird aber später nachgewiesen werden, daß die Einteilung in dieser Form überflüssig ist, indem das scheinbar direkte Zusammenbringen nur mittels einer, durch das Wahlvermögen der Tiere bedingten Häufung zufälliger Übereinstimmungen entstanden ist.

Wenn die Übereinstimmung gesetzmäßig bestimmt oder befestigt sein soll, müssen folglich alle Organismen gleicher Art in demselben Anpassungsverhältnisse zu den Umgebungen stehen, denn gleiche Organismen müssen gleichen Gesetzen gehorchen, wenn also ihr Verhältnis zu den Umgebungen im Ganzen, oder in einer bestimmten Beziehung frei variiert, kann dieses Verhältnis, oder der variierende Teil davon nicht bestimmten eindeutigen Gesetzen unterworfen sein, und folglich kein Anpassungsverhältnis sein.

Wenn z. B. im Ausbreitungsgebiet eines starkgefärbten Schmetterlings Umgebungen von allen Farbzeichnungen sich finden, sowohl von den Schmetterling verbergenden, wie ihn hervorrufenden Farben, dann ist es nicht als ein Anpassungsverhältnis zu bezeichnen, wenn auch einige Individuen zwischen Blumen mit schützenden Farben leben, denn die übrigen, in ihren Umgebungen ungeschützten Individuen zeigen deutlich, daß das Verhältnis nicht von allgemeingültigen Gesetzen bestimmt worden ist. Nur wenn die Art feste Begrenzung zu den passenden Umgebungen zeigen, ist das Verhältnis als ein Anpassungsverhältnis zu betrachten.

Aus dem eben gesagten geben sich zwei mögliche Entstehungsweisen der Anpassungen. Die feste Begrenzung mag durch Vernichtung des Organismentypus, wo er nicht im bezüglichen Anpassungsverhältnisse zu den Umgebungen war, entstanden sein. Es ist dies also ein Anpassungsverhältnis von negativ begrenztem Inhalt, aber doch ein Anpassungsverhältnis, denn es ist eben in seiner negativen Begrenzung gesetzmäßig bestimmt durch die Bedürfnisse des Organismus und der Umgebungen. Oder das Anpassungsverhältnis mag zweitens, wie schon früher besprochen, durch Zusammenbringen aneinanderpassender Organismen und Umgebungen, prinzipiell ohne Vernichtung entstanden sein.

Demnach können wir also zwei hypothetische Gruppen der Anpassungserscheinungen unterscheiden, die nur negativ begrenzten und die positiv bestimmten.

Theorien über die Entstehungsweise der Arten und Anpassungen.

Die Darwinistische Theorie.

Darwin nahm seinen Ausgangspunkt von der Tatsache, daß, wenn z. B. eine Fischart vielleicht mehrere Millionen Eier pro erwachsenes Individuum ablegt, und die Menge der Individuen trotzdem ungefähr konstant bleibt, die große Majorität der Keime zu Grunde gehen muß. Der wirkende Faktor der darauf gebauten Selektionstheorie ist also die Vernichtung, und es mußte doch apriorisch gegeben sein, daß ein solcher negativer Faktor nur Tatsachen negatives Inhalts erklären möchte. Durch gehäufte Vernichtung kann doch nichts neues entstehen, und doch ist es diese merkwürdige Idee, die die Grundlage der Darwinistischen Theorien ausmacht. Es ist schon längst klargemacht, daß die Entstehung der neuen Typen durch diese Theorien nicht erklärt werden kann, weil die Existenz der Typen eben vorausgesetzt wird, sie sind ja die Konkurrenten im Kampfe ums Dasein, die »zufällig« als Varianten oder Mutanten oder desgleichen entstanden sind, unter denen die Selektion wirksam ist.

Wenn trotzdem das Darwinistische Prinzip noch seine Anwendung findet, so geschieht dies meist nicht mehr, um die Entwicklungslinien selbst, als vielmehr nur deren Richtungen als Anpassungslinien zu erklären. Durch das Selektionsprinzip soll »die Wunderwelt der Anpassungen« mittels »Summationen kleiner Verbesserungen« entstanden sein. Es scheint als ob man sich gar nicht darüber klar geworden ist, daß dadurch die kleinen Verbesserungen der Anpassungen, ganz wie die kleinen Variationen der Typen vorausgesetzt werden. In Wirklichkeit sind die zwei Begriffe nur verschiedene Bezeichnungen derselben Erscheinung. Mit den verschiedenen Varianten sind ja auch die verschiedenen Anpassungsstufen gegeben, und die Eigenschaft, wegen welcher der eine Variant ausgewählt wird, ist ja eben seine bessere Anpassung, die ihm den Sieg im Kampfe ums Dasein bringt. Die kleinen Verbesserungen entstehen also nicht als Resultate der Selektion, sondern sind, mit den kleinen Variationen, Voraussetzungen der Selektionswirksamkeit. Der Darwinismus versucht ja die Entstehung der Arten und die Entstehung der Anpassungen in Wirklichkeit als identische Vorgänge zu erklären, er muß deshalb für die beiden gelungen oder mißlungen sein, kann nicht die eine Erscheinung allein erklären. Wie die Arten durch Accumulation »zufälliger« Variationen, so müssen auch die Anpassungen durch die damit verknüpfte Accumulation der ebenfalls »zufälligen« Präadaptionen dieser Variationen entstanden sein. Andere Erklärungen ergeben sich aus dem negativen Selektionsprinzip nicht.

Wie das Dasein der zu accumulierenden Eigenschaften, so ist indessen auch das Accumalationsvermögen selbst vorausgesetzt, indem man sich denkt, daß die in einer bestimmten Richtung ausgewählten Varietäten unter ihren Abkömmlingen auch neue Varietäten in derselben Richtung weiter bilden.

Doch muß selbstverständlich die enorme Vernichtung von Keimen und Individuen ihre Bedeutung in der Geschichte der Organismenwelt haben. Erstens bekommen durch sie die meisten Arten eine im Verhältnis zu den Möglichkeiten des Keimreichtums relativ konstante Anzahl von Individuen. Die Bedeutung eines negativen Faktors wird überhaupt immer seine begrenzende Wirkung sein. Durch die Auslese der Individuen in der ersten Generation werden auch die Möglichkeiten der Entwicklung in der nächsten Generation natürlich an die Abkömmlinge der auserlesenen Individuen begrenzt. Durch neue Auslese werden die Realitäten der Phylogenese in der zweiten Generation, und weitere Möglichkeiten in der dritten aufs neue begrenzt. In dieser Weise gibt es eine kontinuierliche Begrenzung der reellen Entwicklungslinien durch Auslese unter den unendlich vielen, durch den Keimreichtum jeder Generation möglichen; die Erklärung dieser Begrenzung muß aber nicht, wie von den Darwinisten immer fort geschieht, mit der Erklärung des Entwicklungsvorganges selbst verwechselt werden, denn es handelt sich hier nur um die negative Begrenzung durch die Nichtexistenz der extraliminalen Erscheinungen.

Wie jeder Vorgang, ist auch der Entwicklungsvorgang von zwei Faktoren abhängig: dem Entwicklungsvermögen der Organismen, und den Entwicklungsbedingungen, die von der Umwelt und den Organismen zusammen bestimmt werden. Es bleibt also noch übrig zu untersuchen, welche Bedeutung das Selektions- oder Vernichtungsprinzip für die Entwicklungsbedingungen haben möge. Es ist oft behauptet worden, daß, wenn eine neue Varietät nicht ihre Aussicht zur Befruchtung von Individuen der gleichen Varietät durch Auslese vergrößert bekäme, alle neuauftauchenden Abweichungen vom Typus gleich wieder verschwinden würden, indem sie, anfangs gering an Zahl, durch Kreuzung mit den typischen Individuen »ausgewischt« werden müßten. Diese Behauptung stimmt aber mit den Resultaten der Erblichkeitsforschung: den Mendelschen Gesetzen und der Unabhängigkeit des Keimplasmas, gar nicht überein.

Wenn ein Mutant, dessen neue Eigenschaft nach dieser Voraussetzung rezesiv sein muß, durch ein typisches Individuum befruchtet wird, verschwindet der Phänotypus des Mutanten in seiner Nachkommenschaft, die mutierte Erbanlage wird aber, vom Phänotypus unabhängig, im Genotypus bewahrt werden. Blicken wir auf die prozentweise geringe Zahl der gleichartigen Mutanten einer Art, so ist der unbedingt wahrscheinlichste Gedanke, daß die Mutanten mit typischen Individuen gekreuzt werden müssen. Dadurch werden also die neuen rezesiven Anlagen außer Bereich der Selektion gebracht, denn die Auslese muß natürlich nach den phänotypischen Charakteren erfolgen, während der Genotypus selbst in dieser Beziehung ganz bedeutungslos ist. Wenn somit die Auslese nach Charakteren geschehen muß, die von der neuen, in diesen Individuen nur genotypisch anwesenden Anlage ganz unabhängig sind, müssen wir annehmen, daß die neue Anlage nach den Wahrscheinlichkeitsgesetzen bewahrt und vernichtet werden muß, d. h., daß ihre prozentweise Anzahl durch die Generationen ungefähr konstant bleibt. Gelegentlich werden dann bei der Befruchtung zwei der mutierten Anlagen wieder zusammenstoßen und durch Bildung von in dieser Beziehung homozygoter Abkömmlinge den Phänotypus des Mutanten wieder hervortreten lassen. Wenn aber neue Mutanten derselben Natur entstehen, ohne daß dies sich auf früher mutierte Erbanlagen gründet, werden auch die dabei gebildeten neuen Anlagen »verborgen« in den Genotypenbestand der Art hineinwandern, und dadurch das nach früheren Mutationen vorhandene Prozent mutierter Anlagen bereichern. In dieser Weise wird der Genotypenbestand der Art immer mehr von der neuen Anlage, außer Bereich der Selektion, »infiziert«.

Wir wollen diese Frage in Kürze mathematisch behandeln. Denken wir z. B., daß 10 vH der Individuen einer Art bezüglich einer bestimmten Anlage mutieren, oder besser, daß 10 vH der Anlagen einer bestimmten Eigenschaft im Bestand mutieren, denken wir weiter, daß die mutierte Form der Anlage, die wir mit »*a*« bezeichnen, rezessiv ist, so bekommen wir bei der Kreuzung mit typischen Exemplaren:

$$a + 9A = aA + AA + AA + AA + AA$$

Bei der nächsten Befruchtung dieses Bestandes also

							9					
		a	A	A	A	A	A	A	A	A	A	
	a	aa	aA	aA	aA	aA	aA	aA	aA	aA	aA	9aA
	A	aA	AA	AA	AA	AA	AA	AA	AA	AA	AA	
	A	aA	AA									
	A	aA	AA									
	A	aA	AA									
9	A	aA	AA				9·9=81AA					
	A	aA	AA									
	A	aA	AA									
	A	aA	AA									
	A	aA	AA									
		9aA										

Nach der Gleichung: $(a + 9a)^2 = 1aa + 18aA + 81AA$

Wir haben also nur ein neues homozygotes Hervortreten des mutierten Typus auf 18 in heterozygotischen Individuen verborgene mutierten Anlagen und 81 homozygotische Typenexemplare. D. h. daß während 10 vH der Individuen ursprünglich mutierten, wird der mutierte Typus nur bei 1 vH $\left(\frac{1}{1+18+81}\right)$ wieder hervortreten, weiter, daß also von den mutierten Anlagen nur 10 vH ($1aa = 2a$, $18aA = 18a$, $\frac{2}{2+18} = \frac{1}{10}$) sichtbar werden, während 90 vH verborgen und außer Bereich der Selektion sind.

Allgemeingültig wird die Gleichung so aufgestellt:

$$\left(\frac{1}{n}a + \frac{n \div 1}{n}A\right)^2 = \left(\frac{1}{n}\right)^2 aa + 2\left(\frac{n \div 1}{n.n}\right) Aa + \left(\frac{n \div 1}{n}\right)^2 AA$$

Der Teil der Individuen $\left(\frac{1}{n}\right)^2$ der zweiten (und der nachfolgenden) Generation, bei dem der mutierte Phänotypus wieder hervortritt, ist also nur das Quadrat des Teils der Individuen, die in der ersten Generation mutierten. Der Teil der mutierten Anlagen der in der zweiten Generation und den folgenden sichtbar ist, wird also nur:

$$\frac{2\left(\frac{1}{n}\right)^2}{2\left(\frac{1}{n}\right)^2 + 2\left(\frac{n-1}{nn}\right)} = \frac{1}{1+n-1} = \frac{1}{n}$$

d. h. wenn $\frac{1}{n}$ der Individuen mutieren, wird in der zweiten Generation nur $\frac{1}{n}$ der mutierten Anlagen wieder sichtbar, während $\frac{n \div 1}{n}$ außer Bereich der Selektion sind. So ist die mathematisch mögliche Effektivität der Selektion bei rezessiven Mutanten sehr beschränkt.

Wenn aber durch fortgesetzte Mutationen der Gehalt des Genotypenbestandes an mutierten Anlagen vermehrt wird, wird also auch das Prozent der »sichtbaren« Anlagen damit proportional vergrößert, und dadurch die mögliche Effektivität der Selektion gesteigert. Wirkt dann die Auslese zu Gunsten der mutierten Anlagen, so wird ihr prozentweises Auftreten, und damit die mögliche Effektivität der Selektion noch mehr gesteigert; wirkt andererseits die Auslese zu Schaden der mutierten Anlagen, so wird mit der Verringerung des sichtbaren Prozents auch die mögliche Effektivität der Selektion herabgesetzt, so daß also die Auslese sich selbst entgegenwirkt. Eine Vertilgung rezessiver Anlagen durch Selektion ist also mathematisch unmöglich wegen der vielen Anlagen, die immer außer Bereich der Auslese sein werden. Aus derselben Ursache ist auch die Möglichkeit einer selektiven Vermehrung solcher Anlagen sehr beschränkt. So sehen wir, daß im Bereiche der rezessiven Mutanten eine effektive Selektion im Sinne des Darwinismus einfach unmöglich ist, eine Auslese wird hier nur von ganz untergeordneter Bedeutung sein können.

Handelt es sich dagegen um dominierende Mutanten, so wird natürlich die Effektivität der Selektion eine größere, denn hier werden ja alle Anlagen immer sichtbar, und demnach Gegenstände der Auslese sein. Dasselbe gilt auch, aber doch in geringerem Grade, wenn es keine Dominanz gibt, sondern sich Zwischenformen bilden. Wenn aber die bei solchen Mutanten mögliche, totale Vernichtung der mutierten Anlagen nicht stattfindet, wird die Selektion auch hier von untergeordneter Bedeutung sein, denn es wird dann durch fortgesetzte Mutationen die ganze Art auch ohne irgendwelche Beihilfe der Selektion in die Mutante übergeführt werden.

So hat sich also gezeigt, daß die Selektion, wenn es sich nicht um totale Vernichtung handelt, nicht einmal eine entscheidende Entwicklungsbedingung ist, sondern höchstens beschleunigend oder verzögernd auf die phylogenetische Umformung der Organismen wirkt.

Theorie zur Erklärung der negativ begrenzten Anpassungsverhältnisse durch die Selektion.

Was wir bis jetzt untersucht haben, ist die mögliche Bedeutung der Selektion für die Phylogenese, d. h. die historische Entwicklung der organischen Formen. Mit dieser gleichlaufend ist aber eine kontinuierliche Reihe wechselnder Verhältnisse zwischen den sich entwickelnden phylogenetischen Linien und ihren Umgebungen, und wenn die Selektion also, die Phylogenese selbst nicht zu erklären vermochte, so ist es doch von großem Interesse, zu untersuchen, inwieweit sie imstande sein möchte, die Gesetze dieser wechselnden Verhältnisse, d. h. die Gesetze der Adaptiogenese zu erklären.

Betrachten wir z. B. Schmetterlinge mit blumengleichenden »Schutzfarben«. Finden sich diese nur zwischen den schützenden Blumen, dann sind wir dazu berechtigt, das Bestehen eines Anpassungsverhältnisses zwischen den diesbezüglichen Schmetterlingen und den Blumen anzunehmen. Das Selektionsprinzip vermag weder die Entstehung dieses Schmetterlingstypus, noch sein Zusammenbringen mit den günstig gefärbten Umgebungen zu erklären, dies muß vorausgesetzt werden, dagegen erklärt das Prinzip die Frage, warum der Typus sich nur in diesen Umgebungen findet, dadurch, daß er in den nicht schützend gefärbten Umgebungen vertilgt worden ist. Ebenso erklärt es auch, wenn nötig, warum andersgefärbte Mutante nicht in denselben Umgebungen sich finden, während sie vielleicht anderswo sehr gut gedeihen.

Es ist jedoch notwendig das dadurch Erklärte noch näher zu untersuchen. Nach der Darwinistischen Lehre sollte jetzt ein bestimmter, »angepaßter« Typus von den ursprünglich in dieser Umgebung dagewesenen oder entstandenen auserlesen sein. Nach unserer kritischen Untersuchung des Begriffs der Anpassungen und des negativen logischen Werts des Selektionsprinzip haben wir aber die Frage in eine andere Stellung gebracht. Sie lautet nicht mehr: wie sind die Organismen angepaßt worden, sondern: wie sind die Anpassungsverhältnisse zwischen Organismus und Umgebungen entstanden; dementsprechend ergibt sich auch eine ganz andere Antwort. Es sind nicht die Organismen, die durch Selektion an die Umgebungen angepaßt worden sind, sondern das Verbreitungsgebiet der Organismen, das durch Selektion der Umgebungen an diejenige begrenzt worden ist, die in Anpassungsverhältnis zu den bezüglichen Organismen stehen. D. h. von den Umgebungen, in denen der Typus ursprünglich entstand, oder nach denen er durch Kräfte, die mit Rücksicht auf die Anpassungen zwecklos sind[1]), verbreitet wird, sind nur gewisse angepaßte Umgebungen zur fortgesetzten Existenz des Typus auserlesen worden. Dadurch sind also die negativ begrenzten Anpassungsverhältnisse zwischen Organismus und Umgebung erklärt.

In den einzelnen Fällen wird die reelle Grundlage dieser Antwort und der des Darwinismus dieselbe sein: die Art und Weise aber, wie die allgemeinen Gesetze der Adaptiogenese aus den einzelnen Fällen abgeleitet werden, ist grundverschieden.

Durch das, was in sämtlichen irdischen Umgebungen möglich ist, wird natürlich die Summe aller realisierbaren, phylogenetischen Linien negativ begrenzt. Aus diesem Hauptgesetze geht aber die Wechselbeziehung zwischen Organismen und Umgebungen nicht unmittelbar hervor, es ist wie eine Gleichung, in der die zwei unbekannten nur implicite gegeben sind, sie muß aufgelöst und weiter analysiert werden, um die Gesetze des wechselseitigen Verhältnisses der Variablen (Unbekannten) zu zeigen. Wird sie in bezug auf die Umgebungen aufgelöst, so finden wir, daß der Bestand an Organismentypen in einem Gebiet, d. h. die Flora und Fauna des Gebiets durch Selektion negativ begrenzt wird. Bezüglich der Organismen wird aber gefunden, daß das Verbreitungsgebiet eines bestimmten Typus oder einer Art und die in der Geschichte wechselnden Umgebungen einer bestimmten phylogenetischen Linie durch Auslese der hinreichend oder besser angepaßten aus den Umgebungen gleichfalls negativ begrenzt worden sind. So werden sämtliche negativ begrenzte Anpassungsverhältnisse durch das Selektionsprinzip erklärlich, und die Gültigkeit des Prinzips, in der Form, in der es in unserer Theorie Anwendung findet, ist apriorisch, nach dem einfachen Gesetze, daß das, was nicht leben kann, sterben muß.

Unsere Theorie der Selektionswirkung ist indessen eine ganz andere als die des Darwinismus. Nach der ersten werden die Umgebungen der Organismen durch die selbständige Richtung der phylogenetischen Linien bestimmt, nach der letzteren wird die Richtung der phylogenetischen Linien von den Umgebungen diktiert. Die Dar-

[1]) wie z. B. Samenausbreitung durch den Wind.

winistische Auffassung gründet sich auf eine Vermischung der oben besprochenen zwei logischen Auflösungsmethoden des Verhältnisses zwischen Organismen und Umgebungen, indem Art oder phylogenetische Linie mit Bestand vertauscht worden ist. Mit unserer Theorie wird einjeder Darwinistischer Versuch einer Erklärung der Phylogenese durch das Selektionsprinzip abgelehnt, indem dieses Prinzip nur zur Erklärung der Adaptiogenese Verwendung findet, und zwar nur, wenn es sich um bloß negativ begrenzte Anpassungsverhältnisse handelt. Durch die Selektion wird den phylogenetischen Linien und deren Umgebungen eine gegenseitige negative Begrenzung gegeben, wodurch einzig und allein die negativ begrenzten Verhältnisse zwischen den beiden erklärt werden können.

Wahrscheinlich ist aber diese Form der Anpassungsverhältnisse in der Natur sehr allgemein. Wenn von einem Organismus gezeigt werden kann, daß er nicht weiter zu gedeihen imstande ist, wenn durch Änderungen der Umgebungen (peribologenetische Änderungen, peribolos = das Umgebende) oder durch Änderungen seiner eigenen Natur (phylogenetische Änderungen) sein Anpassungsverhältnis im geringsten gestört wird, ist damit die Möglichkeit, daß es sich um ein nur negativ begrenztes Verhältnis handelt, nachgewiesen. So sehen wir also, daß eben bei den »am höchsten spezialisierten« Anpassungen die Möglichkeit einer negativen Erklärung die größte ist, wir werden später (S. 59) zeigen, wie dieser scheinbare Selbstwiderspruch eben als theoretisch zu erwartende Konsequenz unserer Theorie sie bekräftigt. Aus dieser Erläuterung ergibt sich aber wie groß die Bedeutung der negativ begrenzten Anpassungsverhältnisse in der Natur sein mag, denn die Diagnose der Möglichkeit ihres negativen Charakters ist eben dieselbe wie die allgemein benutzte Diagnose der Anpassungsverhältnisse selbst.

Wenn dagegen ein Organismus ungünstige, peribologenetische oder phylogenetische Abänderungen seines Anpassungsverhältnisses verträgt, dann ist damit die apriorische Wirksamkeit des Selektionsprinzips nach dem Gesetze: was nicht leben kann, muß sterben, zur Erklärung dieses Falles weggefallen. Wir haben bis jetzt die ganze Art als ein Individuum betrachtet, wenn aber das Selektionsprinzip auf dieser Grundlage des Interspezialkampfes (Plate) nicht eine hinreichliche Erklärung geben kann, müssen wir erst untersuchen, wieviel die Wirksamkeit des Prinzips durch das Hinzutreten des Intraspezialkampfes vergrößert werden möge. Wenn also ein einzelnes Individuum der Art, das sich nur unter fremdartigen Organismen und anorganischen Umgebungen befindet, ein besseres Anpassungsverhältnis zeigt, als das, durch die in diesem Falle gültige, negative Begrenzung bedingte, so fragt es sich, ob sich diese Begrenzung nicht derartig verengt, daß sie eine hinreichende Erklärung des Anpassungsverhältnisses gibt, wenn das Individuum auch unter Artgenossen ist, im Intraspezialkampf mit ihnen. Wir müssen also dann voraussetzen, daß die Artgenossen entweder in direktem Kampfe miteinander leben, oder so zahlreich sind, daß eine für das einzelne Individuum gefährliche Konkurrenz unter ihnen besteht; wenn es auch zuweilen so sein mag, ist die vorausgesetzte Zusatzbedingung nicht von apriorischer Gültigkeit, und die Wirksamkeit des Selektionsprinzips ist damit in diesen Fällen nicht apriorisch, sie kann nur empirisch nachgewiesen werden. Wahrscheinlich besteht aber am häufigsten weder Kampf noch Konkurrenz zwischen den Artgenossen, oft finden wir sogar gegenseitige Hilfe, wie bei den sozialen Tieren. Wenn aber solche Anpassungsverhältnisse zuweilen durch Intraspezialkampf erklärt werden können, so dürfen wir nicht vergessen, daß damit kein positiv bestimmtes Verhältnis durch Selektion erklärt worden ist, sondern daß ein Verhältnis mit der Möglichkeit, positiv bestimmt zu sein, als negativ begrenzt erklärt ist.

Die Lamarckistische Theorie.

Nach unserer Untersuchung ist also das Selektionsprinzip nur zur Erklärung der negativ begrenzten Anpassungsverhältnisse hinreichend; wenn aber nur die Möglichkeit positiv bestimmter Adaptionen existiert, so muß von einer vollständigen Evolutionslehre verlangt werden, daß sie auch diese zu erklären vermag. Zum negativen Selektionsprinzip muß also auch ein positives Prinzip hinzugefügt werden, um eine vollständige Theorie der Adaptiogenese zu geben. Ein solches Prinzip ist in der lamarkistischen Theorie der Anpassung gegeben. Wir werden hier auf diese Lehre in ihren vielen Formen nicht näher eingehen, denn die Absicht unserer Betrachtungen ist nicht eine Kritik der verschiedenen Theorien, sondern ein Versuch, der Adaptiogenese eine einfache und selbständige Erklärung zu geben. Nur einige generellen Bemerkungen über den theoretischen Wert und über die logische Berechtigung der lamarckistischen Paralellisierung von dem individuellen Leben und der Stammesgeschichte seien hier angeführt.

Wenn beim einzelnen Individuum eine Abänderung der Organe durch Gebrauch, Nichtgebrauch oder anderen Gebrauch entsteht, ist dies eine Abänderung vorhandener und fungierender Organe, eine Rückwirkung von der Funktion zum fungierenden Mechanismus. In der Phylogenese vollziehen sich aber nicht nur Änderungen, Entwicklungen und Reduktionen der Organe, sondern auch, oder hauptsächlich, Neubildungen von solchen. Es ist aber einleuchtend, daß die Funktion nicht vor dem Fungierenden existieren kann; eine Neubildung der Organe durch Rückwirkungen ihrer auszuübenden Funktionen ist deshalb apriorisch unmöglich. Es ist auch nie gedacht worden, daß das Gebrauch-Nichtgebrauch-Gesetz im individuellen Leben hinreichend sein solle, die ontogenetische Entwicklung selbst zu erklären, sondern nur die Abänderungen der Organe, die nach ihrer Bildung entstehen können, wenn also auch eine Paralellisierung der Ontogenese und Phylogenese in dieser Beziehung berechtigt wäre, würde doch der Hauptcharakter der Phylogenese, nämlich die Neubildung, gleichwie die Neubildungen der Ontogenese dadurch unerklärt bleiben. Die logischen Begriffe Neubildung und Umbildung gehen natürlich als solche allmählich ineinander über; wenn aber im einzelnen Falle der phylogenetische Übergang von dem einen Zustand in den anderen morphologisch und funktionell diskontinuierlich ist, so ist dies als eine Neubildungserscheinung zu betrachten. So ist z. B. der Übergang von Zahnwal zum Bartenwal sowohl morphologisch wie physiologisch diskontinuierlich, und niemand wird wohl auch denken, daß die Barten durch »Gebrauch« aus »Nichts« entstanden sind. Dagegen scheint das primitive Säugetiergebiß allmählich, z. B. in Wiederkäuergebiß überzugehen, und demnach nur eine Umbildung zu sein. Wollten wir uns dann diese Umbildung als Folge eines durch Generationen fortgesetzten Grasfressens denken, so wird diese Auffassung wie bekannt von den Resultaten der Erblichkeitsforschung bezüglich der Nichterblichkeit erworbener Eigenschaften, wenn nicht vollständig widerlegt, so doch jedenfalls sehr zweifelhaft gemacht. Erstens sind also die Vorgänge der Ontogenese wie die der Phylogenese nur in geringem Grade durch das Gebrauch-Nichtgebrauch-Gesetz erklärbar, zweitens ist die Paralellisierung auch auf dem Gebiete, auf dem das Gesetz gültig sein möchte, von sehr zweifelhafter Berechtigung. Der tieferen Bedeutung, die auch in die letzte Einwendung gelegt werden darf, wollen wir später eine nähere Untersuchung widmen, hier sei nur gezeigt, daß der Lamarckismus jedenfalls nicht zufriedenstellend ist.

Ein Anpassungsverhältnis besteht also nach unserer früheren Darlegung in einer günstigen und hinreichenden Übereinstimmung der prospektiven Funktionen des Organismus und der Umgebungen. Daraus ergibt sich, daß mit den prospektiven Funktionen eines Organismus auch seine prospektiven Anpassungsverhältnisse bestimmt sein werden, und in derselben Weise lassen sich auch die prospektiven Adaptionen der Umgebungen aus ihren prospektiven Funktionen herleiten.

Jetzt sehen wir, daß Darwinismus wie Lamarckismus zur Untersuchung der Adaptiogenese die Anpassungsverhältnisse in derselben Weise aufgelöst haben, indem sie beide die Umgebung als das unabhängig Variable der Korrelate betrachten, das nur seinen eigenen Gesetzen gehorchte, und demnach die Phylogenese als das durch das Anpassungsverhältnis von den peribologenetischen Veränderungen abhängige Korrelat, voraussetzen. Die Anpassungen sollten mit anderen Worten dadurch entstanden sein, daß die Umgebungen ihre prospektiven Funktionen zu realisieren suchen, in der Weise, daß sie die phylogenetischen Linien durch Selektion oder direkte Anpassung zu derartigen Veränderungen veranlassen, daß die prospektiven Funktionen der Organismen in Übereinstimmung mit ihren eigenen kommen. Die beiden Theorien, die sich nach dieser Auflösungsmethode herleiten lassen, sind aber wie wir gesehen haben, nicht hinreichend, und wir werden deshalb jetzt versuchen, ob nicht die andere Auflösungsmethode, nach der die Umgebungen als das von den phylogenetischen Änderungen abhängige Korrelat der Relation betrachtet wird, zu besseren Resultaten führt.

Theorie über die Entstehungsweise der positiv bestimmten Anpassungsverhältnisse durch das »Wahlvermögen« der Organismen.

Anpassungsverhältnisse zwischen Organismen und Umgebungen.

Als wir durch unsere Kritik des Darwinismus zur abgeänderten Auffassung der Wirkungsweise des Selektionsprinzips kamen, indem wir die negativ begrenzten Anpassungsverhältnisse als durch Selektion der Umgebungen mit Rücksicht auf die prospektiven Funktionen der

Organismen, nicht durch Selektion der Organismentypen entstanden betrachteten, hatten wir in Wirklichkeit indirekt die Auflösungsmethode erreicht, die wir jetzt, wie oben erwähnt, zur Erklärung der positiv bestimmten Anpassungsverhältnisse zu verwenden versuchen werden.

Wenn wir also jetzt denken wollen, daß es die Organismen sind, die ihre prospektiven Anpassungsverhältnisse realisiert haben, durch »zweckmäßige« Veränderungen ihrer Umgebungen, müssen wir zuerst untersuchen, ob sich unter den Eigenschaften der Organismen auch Fähigkeiten befinden, durch die sie ihre Umgebungen beherrschen können. Wir finden sofort die Bewegungsfähigkeit und die Fähigkeit, die Bewegungsrichtung durch Irritabilität in den verschiedenen Formen taktisch, reflektorisch oder bewußt mit Rücksicht auf die Eigenschaften der Umgebungen zu bestimmen.

Betrachten wir ein Beispiel. Gleichzeitig mit der Reduktion des Pferdefußes von dem vierzehigen Typus zum einzehigen wird die Stammeslinie der Pferde von weicherem Boden zu den harten Grassteppen verschoben. Nach den älteren Anschauungen der Adaptio- und Phylogenese mußte dieser Vorgang dadurch verursacht sein, daß die Umgebungen allmählich von weichem Sumpfboden zu fester Grassteppe überging, die nur geringerer Unterstützungsebenen bedurfte, und dadurch die Phylogenese zur Reduktion der Zehen beeinflußte. Betrachten wir dagegen die Phylogenese als vollständig selbständig, und das Anpassungsverhältnis als ein positiv bestimmtes, so haben wir primär eine Reduktion des Fußes und diese Reduktion der Unterstützungsebenen macht es allmählich schwieriger, sich auf dem weichen Boden zu bewegen; wenn deshalb diese Tiere auf festere Unterlage stoßen, die ihnen gleichzeitig gute Nahrung darbietet, werden sie rein instinktiv zurückweichen, wenn sie wieder mit dem weichen Boden in Berührung kommen, und in dieser Weise werden die festen Grassteppen nach und nach wie eine große Falle sämtliche Individuen des Stammes, je nachdem ihre Füße reduziert werden, auf ihrem Gebiet sammeln. Der Pferdestamm hat mit anderen Worten in Übereinstimmung mit seinen veränderten prospektiven Funktionen neue, daran angepaßte Umgebungen aufgesucht, wodurch ein neues positiv bestimmtes Anpassungsverhältnis entstanden ist. Die Grundlage dieser Adaptiogenese ist also, wie schon längst erwähnt, ein »zufälliges« Zusammentreffen der aneinanderpassenden Umgebungen und Organismen, dieses Zusammentreffen wurde jedoch auch in seiner Zufälligkeit durch aktive Bewegungen der Organismen (Pferde) positiv verursacht. Beim »Wählen« der Organismen wird also diese Zufälligkeit zu positiver Gesetzmäßigkeit heraufgehoben, und wenn der Pferdestamm sich in dieser Weise von dem weichen Boden zum festen verschoben hat, ist dies nicht nur eine statistische Verschiebung durch Vernichtung am weichen Boden, wie es als Wirkung der Selektion allein sein würde. Die Adaptiogenese wird durch fortgesetztes Wählen der günstigsten »zufällig gefundenen« Umgebung allmählich zu dem günstigsten Anpassungsverhältnis führen, das für den betreffenden Organismentypus möglich ist, unter den physisch-geographischen Bedingungen, unter denen er entstanden ist.

Die Fähigkeit der lebenden Organismen, auf welcher diese Theorie aufgebaut ist, ist also ihr Wahlvermögen. Wir haben bis jetzt nur ein Beispiel aus der höheren Tierwelt betrachtet, untersuchen wir aber den dabei gedachten Vorgang, so finden wir, daß er ganz dasselbe Bild darbietet, wie die phobotaktischen Reaktionen der niederen Tiere. Das von unserer Theorie verlangte Wahlvermögen ist nämlich nur durch seine Resultate definiert, nicht durch seine inneren Kausalitätsverhältnisse, und demnach sind sämtliche Vorgänge von den einfachen taktischen Reaktionen der niederen Organismen bis zur bewußten Locomotionswahl der Menschen als ein Wählen in unserem Sinne zu betrachten; denn sie verursachen alle, daß die beweglichen Organismen nicht zufällig zerstreut, sondern in bestimmten physisch-geographischen Umgebungen leben, die von den Organismen durch ihr Reaktionsvermögen ausgewählt worden sind. Durch dieses fortgesetzte Wählen und Anhalten an den günstigsten der zufällig angetroffenen Umgebungen, werden die zufälligen Übereinstimmungen gesetzmäßig zu Anpassungsverhältnissen accumuliert. Diesen Vorgang haben wir bis jetzt nur bei den phobotaktischen Reaktionen und der entsprechenden Wahltätigkeit der höheren Organismen untersucht; wenden wir uns an die Topotaxien und das bewußte Aufsuchen, so scheint es im ersten Augenblicke, als ob der Vorgang in diesen Fällen einen anderen Charakter haben muß, indem sogar die Zufälligkeit der zu accumulierenden Übereinstimmungen aufgehoben scheint, da dadurch das Zusammenbringen der übereinstimmenden Organismen und Umgebungen durch die Richtungseinstellung (Ferneinstellung) der Bewegungen möglich und gesetzmäßig bedingt sein könnte. Dies bedeutet aber nur eine Verschiebung der Zufälligkeit, denn es muß vorausgesetzt werden, daß die Organismen zufällig in das Reizfeld, (z. B. binnen Sehweite der Oase in der Wüste), der aufzusuchenden Umgebungen geraten sind. Gewiß gibt es also einen Unterschied zwischen dem phobischen und dem topischen Wählen der Umgebungen, es bedingt aber dies keinen grundsätzlichen Unterschied der entsprechenden Anpassungsvorgänge, denn es vollzieht sich die Adaptiogenese in beiden Fällen durch eine Accumulation zufälliger Zusammentreffen.

Wir haben also gezeigt, wie wir uns den Vorgang der Adaptiogenese vorstellen können, jetzt werden wir untersuchen, wie unsere Theorie mit den übrigen über- und untergeordneten Hypothesen und Beobachtungen übereinstimmt.

Wenn es sich um die Migrationen und das Aussterben der Tierstämme handelt, wird die folgende Hypothese allgemein als apriorisch gültig vorausgesetzt: Nämlich daß, wenn die Umgebungen sich in einer für den betreffenden Tierstamm ungünstigen Weise ändern, die Tiere versuchen werden, sich durch Flucht (Migration) nach besseren Umgebungen zu retten, wenn aber solche Migration unmöglich ist, sie aussterben werden. Es ist aber sehr merkwürdig, wie unbeachtet die Bedeutung dieser Migration für die Adaptiogenese geblieben ist. Durch ihre Flucht werden ja die Tiere in Beziehung zu neuen Umgebungen gebracht, die voraussetzlich günstig sein müssen, sei es Umgebungen derselben Art wie die früheren, oder anderer Art. In dieser Weise wird also ein neues Anpassungsverhältnis durch Migration entstanden sein, ganz wie wir es nach unserer Theorie gedacht haben. Der so gedachte Vorgang wurde aber in diesem Falle von einer Hypothese hergeleitet, die von Lamarckisten sowohl als Darwinisten vorausgesetzt, und von allen Beobachtungen bekräftigt wird. Wir haben soeben gezeigt, wie vollständig diese Migrationshypothese mit den Konsequenzen unserer Theorie übereinstimmt; es ist eben nur ein Spezialfall der dadurch vorausgesetzten Vorgänge, es ist aber unwahrscheinlich, wenn nicht apriorisch unmöglich, daß eine solche Hilfshypothese mit sämtlichen sich widerstreitenden Dezendenztheorien übereinstimmen kann; wir werden deshalb untersuchen, ob diese Hypothese auch wirklich mit dem Darwinismus und Lamarckismus in Einklang ist, obwohl sie von den beiden Lehren als unbestreitbar angenommen werden muß.

Für die Theorien, die die phylogenetischen Umgestaltungen als Anpassungen an veränderten Lebensbedingungen erklären wollen, ist das Bleiben der Organismen in den veränderten und sich verändernden Umgebungen eine notwendige Voraussetzung, da andernfalls die Umgestaltungen oder Neuanpassungen natürlich nicht durchgeführt werden können; durch Flucht werden ja eben Anpassungsverhältnisse für die unveränderten Organismen wiederhergestellt, und somit die hypothetische Ursache einer Umgestaltung aufgehoben. Deshalb finden wir auch bei solchen Anschauungen die Zusatzbedingung der Migrationshypothese, daß die Migrationen erst eintreten, wenn sich die Organismen nicht an die neuen Lebensbedingungen anzupassen vermögen. Dabei muß aber die Fähigkeit zur Fluchtreaktion als immer vorhanden vorausgesetzt werden; denn man darf kaum annehmen, daß sie als Resultat des mißlungenen Anpassungsversuchs entstanden ist, und doch wäre die letzte Annahme die einzige, die die Migrationshypothese mit Lamarckismus und Darwinismus vereinbar macht; denn welche mystischen Mächte könnten es sonst sein, die die fluchtfähigen Organismen erst zu einem kleinen Anpassungsversuch zurückhalten? Für einen Organismus, der in Anpassungsverhältnis zu seinen Umgebungen steht, wird ja eine jede Veränderung[1]) der letzteren ungünstig sein, indem sie eine Störung des Anpassungsverhältnisses herbeiführt, und die phylogenetischen Linien »unvorbereit«, d. h. in einem an die diesbezüglichen veränderten Lebensbedingungen unangepaßtem Zustand »überrascht«. Darwinismus und Lamarckismus müssen also jetzt, wenn sie nicht die Migrationshypothese verwerfen wollen, von den Organismen verlangen, daß sie auch mit Fähigkeit und Gelegenheit zur Flucht doch in den jetzt anfangs ungünstigen Umgebungen bleiben, um zu versuchen, sich ihnen anzupassen, ehe sie fliehen. Ist diese Annahme in irgendwelcher Weise wahrscheinlich? Oder ist die andere mögliche Grundbedingung einer solchen Umgestaltung als Neuanpassung denkbar, nämlich daß die Organismen von selbst zu einer Lebensweise übergehen, an die sie nicht angepaßt sind, und die folglich einen Neuanpassungsvorgang auslöst? Ist endlich eine solche Annahme, daß die Tiere unter den veränderten Lebensbedingungen verbleiben, die zugleich mit der Änderung in allen Fällen weniger günstig sind als vorher, außer in den Fällen, in denen die Organismen zufällig präadaptiert waren — ist eine solche Annahme in Übereinstimmung mit den Beobachtungen? Nein, die Organismenwande-

[1]) Wenn es sich nicht um ganz zufällige »Verbesserungen« handelt, die aber natürlich keine Umgestaltung der Organismen verlangen.

rungen sind so oft beobachtete, und so charakteristische Vorgänge, daß sie von keiner Theorie geleugnet werden können. Man denke z. B. an die ausgeprägten, scharf bestimmten Faunen- und Floren-Verschiebungen während der wechselnden Verhältnisse der Eiszeit und der Nacheiszeit. Die Migrationen sind also als Tatsachen zu betrachten, die unsere Theorie auf Kosten des Darwinismus und Lamarckismus bekräftigen.

In dem bis jetzt Besprochenen handelt es sich nur um Migrationen, die durch peribologenetische Veränderungen verursacht werden, und die als allgemein erkannte Tatsachen betrachtet werden können, obwohl sie nur mit unserer Theorie in Einklang sind. Veränderungen des Anpassungsverhältnisses können aber auch phylogenetisch entstehen, wie wir es in der Stammesgeschichte der Pferde gedacht haben, und es gibt keinen Grund für die Annahme, daß die Migrationen nicht auch in diesen Fällen ganz wie bei den peribologenetischen Veränderungen stattfinden werden. Die Wanderung ist ja eine individuelle Tätigkeit, und es muß für das Individuum ganz gleichgültig sein, ob die Ungunst seiner Lebensbedingungen peribologenetisch oder phylogenetisch entstanden ist, das Individuum »kann es nicht wissen«, und seine Reaktion muß deshalb davon unabhängig sein, d. h. es muß in gleicher Weise auf phylogenetische, wie auf peribologenetische Veränderungen seines Anpassungsverhältnisses reagieren, und wenn die Migrationen in dem einen Falle nachgewiesen worden sind, ist der Nachweis für beide Fälle gültig. Es ist indessen auch für den menschlichen Beobachter in den meisten Fällen unmöglich die Erscheinungen zu scheiden, denn wenn sich ein veränderter Organismus in veränderten Umgebungen findet, läßt sich nicht daraus zeigen, ob die Umgestaltung des Organismus von den peribologenetischen Veränderungen verursacht worden ist, oder umgekehrt; die einzelnen Fälle können nur nach Indizien beurteilt werden.

Wenn also eine phylogenetische Veränderung des Anpassungsverhältnisses entstanden ist, werden die Organismen nach unserer Theorie in gleicher Weise wie bei dessen peribologenetischen Veränderungen durch Migrationen versuchen, sich in ein neues Anpassungsverhältnis zu neuen Umgebungen zu bringen. Denn für das einzelne Individuum liegt in den beiden Fällen ganz dieselbe Situation vor, nämlich ein Organismus in Umgebungen, denen er nicht angepaßt ist. Dabei ist aber vorausgesetzt worden, daß die phylogenetischen

Umgestaltungen nicht prinzipiell günstig sind, daß sie somit nicht nur zu Verbesserungen des bestehenden Anpassungsverhältnisses führen, sondern daß sie sich nach den physikalisch-chemischen Gesetzen vollziehen, und daher bezüglich der organismischen Bedürfnisse »zufällig« oder »zwecklos« sind. Es ist bei den beobachteten phylogenetischen Veränderungen wie Mutationen und dergleichen auch nie gelungen, eine allgemeine Zweckmäßigkeit nachzuweisen, diese bleibt ganz hypothetisch, und die Annahme einer solchen ist deshalb nur berechtigt, soweit sie nötig zum Verstehen der Erscheinungen ist; der Verfasser hofft aber in dieser kleinen Studie zeigen zu können, daß die Annahme einer phylogenetischen Zweckmäßigkeit zur Erklärung der Adaptiogenese auch theoretisch ganz überflüssig ist.

Es muß erinnert werden, daß wir jetzt nur von den positiv bestimmten Anpassungsverhältnissen zwischen Organismus und Umgebung sprechen; wenn es sich um negativ begrenzte Verhältnisse handelt, werden ihre Veränderungen eine entsprechende Verschiebung der negativen Begrenzung hervorrufen, es wird aber dies an anderer Stelle besprochen.

Wenn wir also die positiv bestimmten Anpassungsverhältnisse zwischen Organismus und Umgebung als durch die den peribologenetischen und phylogenetischen Veränderungen entsprechenden Migrationen der Organismen entstanden erklären, wird die Entstehung solcher Verhältnisse nach unserer Theorie von zwei Grundbedingungen abhängig sein, nämlich von dem früher besprochenen Wahlvermögen, und der Fähigkeit, selbständige Bewegungen auszuüben.

Ehe wir fortfahren, erscheint es notwendig festzustellen, daß die Einteilung der Adaptionen in solche an die Umgebungen und solche an die Funktion, eine Einteilung, die, wie früher gezeigt, nach den sonstigen Descendenztheorien widersinnig ist, nach unserer Theorie in einer etwas veränderten Form wieder Berechtigung bekommen hat; denn wir können jetzt von Anpassungsverhältnissen sprechen, die durch Wahl der Funktionen allein (wie später zu zeigen) oder durch Wahl der Umgebungen entstanden sind. Vorläufig wird nur von Anpassungsverhältnissen der letzten Kategorie gesprochen.

Die positiv bestimmten Anpassungsverhältnisse zu den Umgebungen sollten sich also nur unter den aktiv beweglichen Organismen finden können, während die bloß passiv beweglichen, oder festsitzenden Organismen nur in negativ begrenztem Verhältnis zu ihren Umgebungen sein können. Doch läßt sich oft im Bereiche des, im ganzen negativ begrenzten Verbreitungsgebietes eines nicht selbstbeweglichen Organismus auch ein positives Moment nachweisen, ohne daß die Negativität der totalen Begrenzung seiner Anpassungsverhältnisse dadurch aufgehoben oder »potentialisiert« worden ist. Wir werden z. B. die Verhältnisse einer bestimmten Baumart näher betrachten. Das Verbreitungsgebiet eines Organismus wird kaum jemals überall von physikalisch-geographisch gleichen Grenzgebieten umgeben, die angrenzenden Gebiete werden nach Norden und Süden, Osten und Westen verschieden sein, einerseits Wüsten, andrerseits Wasser. Nehmen wir an, daß unsere Baumart von der jährlichen Durchschnittstemperatur abhängig ist, so wird ihr Verbreitungsgebiet dann im Norden an Gebiete niederer Temperatur, im Süden an Gebiete höherer stoßen, seine Begrenzung wird durch Minimum- und Maximum-Temperatur gegeben sein. Tritt dann eine Abkühlung von Nord nach Süd ein, wie es z. B. während der Eiszeit mehrmals stattgefunden haben muß, so wird im Norden das frühere Verbreitungsgebiet des Baumes der Vernichtung anheimfallen, während es im Süden weiter an Ausdehnung gewinnen wird; durch das »zufällige« Samenausbreiten wird dann das dadurch »geöffnete« neue Territorium bald bevölkert werden. Wir möchten jetzt geneigt sein, diese »Bevölkerung« als einen positiven Vorgang aufzufassen, die Samenausbreitung aber, die in ihrer Wirkung mit dem Bevölkerungsvorgang identisch ist, kann in sich selbst bezüglich der Bedürfnisse der Organismen keine »zweckmäßige« Richtungsbestimmtheit haben, denn sie vollzieht sich ohne Aktivität der letzteren nur nach den physikalischen Gesetzen der umgebenden Natur. Die Grenzen des Verbreitungsgebiets werden nur durch die negative Auslese der verschiedenen Umgebungen, in welche die Keime des Baumes immerfort, durch zufällig gerichtete Kräfte gebracht werden, bestimmt. Die Keime eines festsitzenden Organismus werden immer, wenn sie nicht auch selbst festsitzend sind, zufällig über die Grenzen des Verbreitungsgebiets hinausgeführt werden; es erklärt sich also die Verbreitung des kontinuierlichen Bestandes, d. h. der erwachsenen Individuen nicht aus der Ausbreitung der Keime, sondern aus der Vernichtung derselben. Somit werden die Grenzen bei solchen anscheinend positiven Verschiebungen des Verbreitungsgebiets eines nicht selbstbeweglichen Organismus, immerfort nur negativ bestimmt. Dagegen lassen sich andere Gesetzmäßigkeiten des Auftretens der Art, innerhalb ihres negativ begrenzten Verbreitungsgebietes, nachweisen, deren positiver Charakter bezüglich der Bedürfnisse des Organismus unzweifelhaft ist, denn sie sind in ihrem Erscheinen organismisch-mechanisch bestimmt. Diese Gesetzmäßigkeiten werden in der Bildung des Verbreitungsoptimums ausgedrückt. Im allgemeinen leben die Organismen ja nicht gleichmäßig über das Verbreitungsgebiet verteilt, sondern in den günstigsten Gegenden desselben besonders zahlreich pro Flächeneinheit, die Stelle des zahlreichsten Auftretens ist es, die wir oben Verbreitungsoptimum nannten. Dies Optimum ist, wie schon erwähnt, bezüglich des für den Organismus günstigen bestimmt; denn es ist durch das »Aufblühen« entstanden, das von dem Zufriedenstellen der organismischen Bedürfnisse bedingt ist. Während der Verschiebung der Temperaturen von Norden nach Süden in unserem Beispiel, werden die Bäume im südlichen Teil des Gebiets günstigere Lebensbedingungen bekommen, indem das Verbreitungsoptimum ihnen näher rückt, folglich werden ihre Lebenstätigkeiten gefördert, darunter auch ihre Vermehrung, wir haben also hier ein positives Entstehen reicherer Keimbildung, wodurch die Intensität des Bestandes in diesen Gegenden gesteigert wird. In ähnlicher Weise werden die Lebensbedingungen in den nördlichen Gegenden verschlechtert, und die Vermehrung folglich herabgesetzt; wir möchten von einer pränatalen Vernichtung sprechen. In dieser Weise wird die Gegend der intensivsten Population innerhalb des Rahmens des totalen, negativ begrenzten Verbreitungsgebietes positiv bestimmt. Wenn wir den ganzen Bestand als eine Einheit betrachten, können wir dieses positive Bestimmen als ein Wählen des Vermehrungsreichtums bezeichnen. Die Negativität der totalen Begrenzung des Verhältnisses zwischen dem Baum und den Umgebungen bleibt aber, wie schon vielmals erörtert, von diesem positiven Vorgang unbeeinflußt. Der Verf. kennt auch kein Beispiel, wo das Verhältnis zwischen einem nicht selbstbeweglichen Organismus und seinen Umgebungen im ganzen nicht am einfachsten als negativ begrenzt gedacht werden kann.

Denken wir wie im Beispiel mit den Pferden, daß es die Organismen, nicht die Umgebungen sind, die sich verändern, z. B. dadurch daß, zerstreut im Verbreitungsgebiet der Art, Mutanten entstehen, deren Optimum-, Maximum- und Minimum-Durchschnittstemperaturen höhere sind, als die der typischen Individuen, so werden diese Mutanten im Norden vernichtet werden, während sie durch zufällige Ausbreitung im Süden über die Grenze der typischen Individuen hinauswandern, bis zu ihrer eigenen negativen Südgrenze. In gleicher Weise wird das reichste Aufblühen der Mutanten südlich von dem Verbreitungsoptimum der typischen stattfinden. Je nachdem die Art in ihren Mutanten übergeht, wird sie statistisch-geographisch nach Süden verschoben; wenn der Übergang durchgeführt ist, hat das Verbreitungsgebiet der phylogenetischen Linie eine neue negative Begrenzung, und ein neues, positiv bestimmtes Optimum bekommen, dem neuen Anpassungsverhältnis zwischen Organismus und Umgebungen entsprechend. Nach den gewöhnlichen Anpassungstheorien würde dies Zusammentreffen der phylogenetischen und peribologenetischen Veränderungen, wodurch ein neues Anpassungsverhältnis, und damit ein neues Verbreitungsgebiet bestimmt worden ist, derartig erklärt werden, daß die Organismen sich an neue Umgebungen angepaßt haben, nach welchen sie vorher, aus irgendeiner mystischen Ursache ausgewandert sind. Nach unserer Theorie erklärt sich aber das Zusammentreffen dadurch, daß die phylogenetische Veränderung eine entsprechende neue Begrenzung des totalen Verbreitungsgebietes, d. h. der Summe aller Anpassungsverhältnisse, und in gleicher Weise ein neues positives Bestimmen des Optimums hervorruft.

Diese Komplikation negativer und positiver Vorgänge bei einer und derselben Erscheinung hat uns die Notwendigkeit einer eingehenderen Analyse der konkreten Verhältnisse gezeigt, mit besonderer Berücksichtigung der reellen Verbindungen zwischen negativer Begrenzung und positiver Bestimmung, und die gegenseitige Beeinflussung der zwei Faktoren aufeinander.

Durch die negative Begrenzung ist das für den betreffenden Organismus überhaupt mögliche Lebensgebiet bestimmt; denn diese Grenzen sind ja eben dadurch gegeben, daß das Leben außer ihnen unmöglich ist, folglich müssen auch alle positiv bestimmten Anpassungsverhältnisse unter eine negative Begrenzung fallen; wenn sie aber wirklich positiv bestimmt sind, wird die spezielle, durch die negative Begrenzung bedingte Vernichtung, nicht stattfinden. Wir sprechen dann von einer potentiellen negativen Begrenzung, in Gegensatz zur aktuellen, d. h. »wirksamen« [1]. Betrachten wir wieder unser Beispiel aus der

[1] Solche Idealfälle gibt es natürlich nicht. Wenn die Individuenzahl bei nur potentieller negativer Begrenzung trotzdem konstant bleibt, beruht dies auf »zufällige«, d. h., organismisch richtungsloser Vernichtung binnen der negativen Begrenzung und der positiven Bestimmung.

Geschichte der Pferde. Wenn diese, den phylogenetischen Veränderungen entsprechend, durch Selbstbeweglichkeit und Wählen in ihr neues, in dieser Weise positiv bestimmtes Anpassungsverhältnis zu den festen Grassteppen übergehen, sehen wir auch, daß die negative Begrenzung des möglichen Lebensgebiets gleichzeitig in dieselbe Richtung verschoben worden ist. Denken wir uns nämlich, daß die einzehigen Pferde ihr Wahlvermögen verloren, so daß sie wieder »planlos« umhertrieben, ohne ihre Bewegungsrichtung zu beherrschen, so würde ihr Verbreitungsgebiet trotzdem fortan an den Grassteppen begrenzt sein, denn sie würden, wenn sie in andere Umgebungen, auf weichen oder nahrungslosen Boden gerieten, schnell zu Grunde gehen. So ist also das reelle Verbreitungsgebiet der Pferde dasselbe, wie das durch die negative Begrenzung mögliche; darin liegt aber nicht, daß das Anpassungsverhältnis zwischen Pferd und Umgebung nicht durch ein positives Wählen entstanden und geblieben ist, wie wir es gedacht haben; denn solange das Wahlvermögen der Tiere funktioniert, werden ihre Bewegungen im Großen in den Grenzen der günstigen Umgebungen gehalten werden, und die Vernichtung bei den negativen Grenzen deshalb nicht stattfinden, d. h., die negative Begrenzung ist nur eine potentielle, nicht eine aktuelle, wie bei den nur negativ begrenzten Verhältnissen.

Wenn es sich dagegen um positiv bestimmte Anpassungsverhältnisse handelt, die durch Übergang von günstigen zu günstigeren Umgebungen entstanden sind, wird die potentielle, negative Begrenzung nicht den Verschiebungen der reellen Grenzen des Verbreitungsgebiets gefolgt sein; denn das Leben ist ja doch fortdauernd auch in den nur günstigen (nicht günstigeren) Umgebungen ebenso möglich wie früher. Das Gebiet der reellen, positiv bestimmten Anpassungsverhältnisse hat also in diesem Falle eine engere Begrenzung als die potentielle negative, und dies wird wahrscheinlich das Gewöhnlichste sein, wenn es sich wirklich um positiv bestimmte Verhältnisse handelt.

So haben sämtliche Anpassungsverhältnisse, die in der Verbreitungsweite der Art ausgedrückt sind, ihre negative Begrenzung; wenn sie aber zugleich positiv bestimmt sind, ist die negative Begrenzung nur potentiell, und das reelle Verbreitungsgebiet ist dann wahrscheinlich in der Regel ein engeres als die potentielle negative Begrenzung es bestimmt.

Kehren wir wieder zu den nicht selbstbeweglichen Organismen zurück, so finden wir, daß diese sich von den freibeweglichen dadurch unterscheiden, daß die negative Begrenzung ihres Lebensgebietes nie potentialisiert werden kann, sondern immer aktuell bleiben muß; denn Individuen und Keime solcher Organismen werden immerfort von den, hinsichtlich der organismischen Bedürfnisse zufällig gerichteten geophysischen Kräften über die negative Grenze hinaus geführt, wodurch die letztere wirksam wird, d. h., die Vernichtungstätigkeit, deren Ausdruck in der negativen Begrenzung zu suchen ist, fängt an. Wie auf S. 25 gezeigt, wird also die negative Begrenzung der Anpassungsverhältnisse zwischen Organismen und Umgebungen bei nicht-selbstbeweglichen Organismen immer eine aktuelle sein, auch wenn ein positives Element, in der Form eines Verbreitungsoptimums, nachgewiesen werden kann. Folglich werden die Anpassungsverhältnisse solcher Organismen nie der Definition des positiv bestimmten Verhältnisses bei den selbstbeweglichen Organismen entsprechen können, nach der die negative Begrenzung prinzipiell nur eine potentielle sein soll.

Bevor wir die Besprechung der Anpassungsverhältnisse zwischen Organismen und Umgebungen abschließen, müssen erst ein paar Vorgänge erwähnt werden, die bei diesen Erscheinungen vielleicht eine Rolle spielen.

Erstens mögen natürlich die peribologenetischen Veränderungen zufällig günstig sein, wodurch ein negativ begrenztes Anpassungsverhältnis zu einem scheinbar positiv bestimmten werden kann. Solche Fälle sind wahrscheinlich sehr selten, es ist aber nicht ausgeschlossen, daß positiv bestimmte Verhältnisse dann und wann in dieser Weise, also nicht durch Wanderungen der Organismen, sondern durch zufällige geophysische »Verbesserungen« der Umgebungen entstehen mögen.

Es gibt aber auch einen direkten Weg zur Verbesserung der Umgebungen, der von den verschiedensten Organismen oft benutzt wird, wenn sie nämlich durch ihre eigene Aktivität die physikalische Beschaffenheit der Umgebungen verändern. In ihrer höchsten Entwicklung treten uns diese Erscheinungen entgegen als Nester- und Höhlenbildungen, usw., der Tiere, als Gebäude, Bepflanzungen u. a. der Menschen. Solche Vorgänge nehmen eine Zwischenstellung zwischen Anpassen der Umgebungen und Anpassen der Funktionen ein, spielen aber nur eine untergeordnete Rolle in der Natur, und seien deshalb hier nur flüchtig erwähnt.

Von den seltenen Fällen der zwei letztgenannten Vorgänge abgesehen, glauben wir also die folgende Hypothese behaupten zu können: Die positiv bestimmten Anpassungsverhältnisse zwischen Organismen und Umgebungen entstehen durch die aktive Locomotion der selbstbeweglichen Organismen unter Wählen der geeignetsten Umgebungen, und finden sich wegen dieser Abhängigkeit von dem selbstständigen Bewegungsvermögen nicht unter den nicht selbbeweglichen Organismen.

»Anpassungsverhältnisse zwischen Form und Funktion.«

Die positiven Anpassungsverhältnisse, die wir bis jetzt betrachtet haben, sind diejenigen zwischen Organismen und Umgebungen, die wir als durch Wählen der günstigsten Lebensgebiete entstanden gedacht haben, d. h. dadurch, daß die betreffenden Organismen die Umgebungen, mit denen sie die meisten und günstigsten prospektiven Funktionen gemeinsam haben, zu ihrer fortgesetzten Existenz auswählen. Die Bedingung dafür, daß dieses Wählen einen phylogenetischen, d. h. einen durch die Generationen gleichgerichtet fortdauernden Vorgang bildet, der kontinuierlich zu den unter gleichbleibenden, phylogenetischen und peribologenetischen Bedingungen persistenten Anpassungsverhältnissen der Stammeslinie, nicht nur der einzelnen Individuen führt, ist also folgendes; daß die Grundlagen dieses Vorganges, die prospektiven Funktionen der Organismen, eine phylogenetisch kontinuierliche Reihe bilden, d. h. von Generation zu Generation überführt werden. Dies geschieht aber nicht direkt. Nicht Funktionen werden bei der Fortpflanzung überführt, sondern Form und Substanz, durch deren Entwicklung die Möglichkeit der Funktionen der Elterngeneration allmählich wiederhergestellt werden. Die Entwicklung ist natürlich auch selbst eine Funktion, die wir die Summe aller Übergangsfunktionen nennen möchten; das hauptsächliche ist aber hier, daß die prospektiven Funktionen, bezugs welcher die Anpassungsverhältnisse bestimmt worden sind, nicht direkt überführt werden, sondern erst nach der Ausbildung der Form und Substanz wieder hergestellt sind. Die Bedingung heißt mit anderen Worten, daß die prospektiven Funktionen gesetzmäßig mit den Formen verknüpft sein müssen, und ihnen bei der Überführung von Generation zu Generation folgen. Diese Bedingung wird aber von den prospektiven Funktionen eben zufolge ihrer

Definition erfüllt, nach der sie ja »sämtliche durch Form und Substanz des Organismus physikalisch-chemisch möglichen Funktionen« sind.

Dieses causal-gesetzmäßige Verhältnis zwischen dem Mechanismus des Organismus und seinen prospektiven Funktionen wird in der Biologie gern eine »Übereinstimmung« genannt, ohne irgendwelche Definition dessen, was damit gemeint ist, und ohne Klarheit über die vorausgefaßten Meinungen, die mit diesem Ausdruck assoziiert zur Auffassung führen, daß diese »Übereinstimmung« das Resultat eines Zweckmäßigkeitsvorgangs ist, der sich wie ein Anpassen der Organismen an die Funktionen vollzieht. Es ist früher bei unseren Bemerkungen über den Lamarckismus gezeigt worden, wie ein solches Anpassen an neue Funktionen bei der Neubildung der Organe logisch unmöglich ist, wenn wir nicht zu einer rein teleologischen Auffassung greifen wollen, nach der der Zweck oder die Absicht als vera causa der organismischen Vorgänge wirken kann. Denn die Funktion kann selbst nie früher als das fungierende Organ existieren und dieses »nach ihren Bedürfnissen« physikalisch-chemisch hervorrufen, die Funktion ist vielmehr das Resultat der Form und Richtung, die die Energie beim Durchlaufen des organismischen Mechanismus erhält. Die sogenannte »Übereinstimmung« zwischen Organ und prospektiver Funktion, ist dieselbe als diejenige zwischen der Konstruktion und der Wirkungsweise einer Maschine. Im Gehirn des Ingenieurs ist die Idee der erwünschten Funktionen (nicht die Funktion selbst, natürlich) die Ursache seiner Konstruktionspläne, die Funktion selbst ist ein Resultat der Realisierung dieser Pläne. Auch die Existenz der Absichtsidee und ihre Wirkung läßt sich nach den psychologischen Theorien causal erklären. Die Stellung zu den psychologischen Theorien über Causalität oder Finalität ist indessen hier ohne Bedeutung, es gilt nur, daß man darüber klar geworden ist, daß es auch im menschlichen Gedankenleben nicht eine Wirkung des zu erreichenden Zwecks gibt, sonden nur eine Wirkung der schon vorhandenen Idee. Wenn wir die neuen Funktionen als durch in dieser Absicht zweckmäßige phylogenetische Umgestaltungen der Organismen bedingt denken wollen, gibt es also unter allen bekannten Lebenserscheinungen kein paralelles Beispiel, das die Annahme der Funktionen selbst als wirkende Ursachen berechtigen kann, sondern müssen wir vielmehr zu den übrigen Eigenschaften der Organismen auch das Vermögen hinzufügen, durch das die Absicht als Idee oder in der gleichen Weise als Ursache wirken kann, wie es im menschlichen Gehirn geschieht.

Die Vorgänge des menschlichen Seelenlebens sind aber auch nur Beispiele aus dem Leben der Organismen, die einzigen, die, nach der Natur der Sache, uns bekannt sein konnten; im ersten Augenblick möchte deshalb eine Paralellisierung oder Generalisierung natürlich erscheinen. Eine nähere Untersuchung zeigt aber sofort wie unberechtigt eine solche Denkweise ist. Keine menschliche Intelligenz hat bis jetzt die Idee einer zweckmäßigen Umgestaltung des Leibes dergestalt zu bilden vermocht, daß diese Idee eine wirkende Ursache wurde, wodurch die Umgestaltung für das bezügliche Individuum sowohl als seine Nachkommenschaft direkt erreicht wurde. Die »Anpassungen an Funktionen«, die durch die menschliche Intelligenz erreicht werden, entstehen überhaupt nicht durch zweckmäßige Umgestaltungen des Leibes direkt aus inneren Ursachen, sondern durch das Hinzufügen von Geräten, Maschinen und dergleichen, die die erwünschte Umformung oder Erhöhung der menschlichen Energie ermöglichen. So z. B. das Sehvermögen durch Fernrohr und Brillen, die Hubkraft durch Takel und Brechstange, die Bewegungsgeschwindigkeit durch Fahrrad, usw. Wenn die Entwicklung des organischen Lebens von einer zweckmäßig wirkenden Kraft beherrscht sein sollte, müßte natürlich auch das Leben der Menschen denselben Gesetzen unterworfen sein; eine solche Kraft mit dem menschlichen Körper selbst als Objekt, ist aber wie soeben gezeigt im bewußten Seelenleben ganz unbekannt, und müßte deshalb bei den Menschen und in gleicher Weise bei den übrigen Organismen als eine neue, selbständige, unbewußte, körperliche, intelligenzähnliche Fähigkeit gedacht werden. Denn die hypothetischen Wirkungen einer solchen Kraft können aus keinen bekannten Kräften hergeleitet werden, und lassen sich auch mit keinen bekannten Vorgängen paralellisieren.

Wir möchten auch in gewisser Weise sagen, daß diese »körperliche Intelligenz«, selbst bei den primitivsten Amöben höher entwickelt als die höchste bewußte Intelligenz der Menschen sein müßte, indem schon die geringste Zukunftsidee einer zweckmäßigen Umgestaltung des relativ einfachen Körpers der Amöben, noch »über unserem Verstande liegt«.

Wir sind jetzt beim Kernpunkt der ganzen Lehre der Adaptiogenese. Wie schon im ersten Kapitel gezeigt, ist der logische Inhalt der Begriffe: Anpassung an Umgebung und Anpassung an Funktion, ein und dasselbe. Wenn eine phylogenetische Linie sich an gewisse Umgebungen anpassen soll, muß dies sich dadurch vollziehen, daß die Organismen der Linie derartig verändert werden, daß sie immer zahlreichere und günstigere prospektive Funktionen mit den bezüglichen Umgebungen gemeinsam bekommen, mit anderen Worten dadurch, daß die Organismen zum Realisieren der günstigsten der prospektiven Funktionen den bezüglichen Umgebungen »angepaßt werden«, und dies ist eben dasselbe wie eine jede Anpassung an eine Funktion. Und wenn wir die Möglichkeit einer solchen Anpassung an eine Funktion annehmen wollen, müssen wir auch, wie soeben gezeigt, eine bisher nicht nachgewiesene Kraft in den Organismen voraussetzen, deren Natur ganz mystisch und ohne Seitenstück in den Beobachtungen ist. Noch schwieriger wird die Annahme einer solchen »körperlichen Intelligenz« dadurch, daß diese, um nicht mit den Resultaten der Erblichkeitsforschung in Widerspruch zu geraten, nicht als ein individuelles Vermögen gedacht werden kann, sondern nur als eine überindividuelle, phyletische Intelligenz, die ihre Wirkung nicht nur auf das Soma, sondern auch direkt auf die Keimbahnen ausübt, mit der wunderbaren Fähigkeit, die Keimzellen so zu verändern, daß die daraus entstehenden Organismen phyletisch neue, zweckmäßige Charaktere annehmen. Wenn wir aber trotz allen diesen Schwierigkeiten doch die Existenz eines solchen Vermögens annehmen wollen, sind dadurch alle Anpassungsverhältnisse und alle Probleme der Biologie überhaupt wie durch einen Gottesbegriff erklärlich und weitere Forschung zwecklos. Wenn wir aber die Unmöglichkeit zugeben, eine solche Annahme mit den Beobachtungen und Gesetzen in Übereinstimmung zu bringen, so müssen wir damit auch alle Versuche, die Anpassungsverhältnisse als durch zweckmäßige, phylogenetische Umbildungen der Organismen entstanden zu erklären, aufgeben.

Wenn wir also die alten Theorien der Anpassung der Organismen ablehnen, wird es notwendig, andere Gesetze zu finden, durch welche die Adaptiogenese, die mit der Phylogenese so eng verknüpft erscheint, in Übereinstimmung mit den Beobachtungen und den logischen Konsequenzen unserer durch die Ablehnung gebildeten Theorie der in sich zwecklosen Phylogenese erklärlich wird.

Es ist schon früher (S. 6) gezeigt worden, wie die Einteilung der Erscheinungen in Anpassungen an Funktionen und Anpassungen an Umgebungen auf der Grundlage der älteren Auffassungen der Adaptiogenese ohne logischen Wert war, indem den beiden Begriffen derselbe Inhalt zukam. Durch unsere Theorie ist indessen eine neue Grundlage geschaffen, auf der eine entsprechende Einteilung logisch möglich und praktisch wird. Wir werden später den Zusammenhang und logischen Unterschied der Begriffe der Anpassungen an Umgebungen und an Funktionen näher besprechen; hier werden wir erst untersuchen, ob und wie diese Erscheinungen in Übereinstimmung mit unserer Annahme der selbständigen Phylogenese, oder mit anderen Worten in Übereinstimmung mit unseren dadurch bedingten Definitionen ihrer Begriffe erklärt werden können.

Für die Anpassungen an Umgebungen oder besser Anpassungsverhältnisse zwischen Organismen und Umgebungen, ist die Erklärung der negativen Begrenzung durch Vernichtung, und der positiven Bestimmung durch Wanderung und Wählen schon dargelegt worden, es bleibt also nur noch übrig, die Anpassungen an Funktionen zu erklären.

Die reellen Funktionen des Organismus müssen innerhalb der Grenzen seiner prospektiven Funktionen fallen, diese sind wieder durch seinen Mechanismus gesetzmäßig begrenzt oder bestimmt. Wie schon erwähnt, macht dieser gesetzmäßige Zusammenhang zwischen Form und prospektiven Funktionen den ganzen logischen Inhalt vieler sogenannten Anpassungen an Funktionen aus. Dieser Zusammenhang scheint sowohl positiv bestimmt, als negativ begrenzt, nämlich durch die Ursachen dafür, daß die Funktionen der Organismen möglich, und daß andere Funktionen unmöglich sind. In der Realität sind aber die prospektiven Funktionen in ihrer Vielheit eindeutig bestimmt durch den organismischen Mechanismus, die scheinbare D o p p e l h e i t der Bestimmung ist keine Realität, sondern nur ein Ausdruck für die zwei verschiedenen Nachweismethoden: die indirekte und die direkte, und zugleich für die zwei verschiedenen logischen Werte, die eine jede nachgewiesene Tatsache in einem Urteil haben kann: den negativen und den positiven, je nach ihrer Stellung zu den übrigen Prämissen und dem zu suchenden Satz.

Wenn ein sogenanntes Anpassungsverhältnis zwischen Form und Funktion nur nach der indirekten Methode nachgewiesen worden ist, so heißt dies, daß ein Anpassungsverhältnis zwischen der Form und ihren sämtlichen prospektiven Funktionen (oder sogar mehr Funktionen als diesen, da die indirekte Methode in der Biologie kaum jemals ganz bis zu den Grenzen des Wirklichen heranführen kann) als existent gesetzt wird. Die Begrenzung des Anpassungsverhältnisses liegt mit anderen Worten zwischen dem Möglichen und dem Unmöglichen, in der Definition solcher Beobachtungen gibt es deshalb keine Günstigkeitsbegriffe, die Begrenzung ist nur eine physikalisch-chemisch gegebene. Vergleichen wir mit unserer Besprechung der Verhältnisse zwischen Organismen und Umgebungen, so sollten die hier betrachteten Verhältnisse zwischen den Formen und ihren sämtlichen prospektiven Funktionen den negativen Anpassungsverhältnissen entsprechen, deren Begrenzungen, auch wenn es sich um Organismen und Umgebungen handelte, zwischen dem an sich Möglichen und Unmöglichen lagen. Während aber die Aufstellung des negativen Begriffs im letztgenannten Falle deshalb berechtigt war, weil die Verhältnisse zu den Umgebungen biologisch von einer höheren Ordnung sind, als die Verhältnisse zu den Funktionen (wie später näher besprochen wird), und deshalb selbst negativ begrenzt, doch positive Verhältnisse der letzten Art enthalten können, so ist dagegen die Aufstellung des entsprechenden Begriffs der negativ begrenzten Anpassungsverhältnisse zwischen Form und Funktion ganz unberechtigt, weil sie nur eine sprachliche Verschleierung des physikalisch-chemisch Gegebenen darstellen würde.

Betrachten wir ein Beispiel. Wenn die schweren und asymmetrischen Schalen bei den Ammoniten und Nautiloiden als eine »Anpassung an« das Leben auf dem Seeboden »erklärt werden«, so liegt dieser Erklärung nur die Annahme zugrunde, daß Tiere mit solchen Schalen nicht imstande sein würden, sich schwimmend oder schwebend zu bewegen, das Verhältnis ist mit anderen Worten nur nach der indirekten Methode nachgewiesen, und das »Kriechen auf dem Boden« ist nur scheinbar eine bestimmte reelle Funktion, in der Wirklichkeit heißt es die Summe aller prospektiven Locomotionen, aller mit diesem Körperbau möglichen Bewegungsarten. Daß diese asymmetrischen Schalenformen vor anderen für die kriechenden Bewegungen besonders günstig sind, ist somit nicht nachgewiesen. Die nachgewiesene »Anpassung an das Kriechen« besteht also einfach nur darin, daß die Tiere nicht schwimmen können.

Es ist dies nur ein Beispiel aus den einfachen, das ohne Mühe vielfach vermehrt werden könnte. Für sie alle gilt aber dasselbe Urteil, daß sie, richtig betrachtet, überhaupt nicht zur Kategorie: Anpassungsverhältnisse gehören. Die Unfähigkeit andere Funktionen auszuüben, ist doch an sich in keiner Weise eine besondere Fähigkeit, bezüglich der ausgeübten Funktionen; ein solches Denken, oder ein solcher Sprachgebrauch ist nicht mehr berechtigt, als wenn man von einem Krüppel sagen wollte er sei an das Stillsitzen angepaßt, weil er nicht gehen kann.

Das Verhältnis zwischen dem Mechanismus und seinen sämtlichen prospektiven Funktionen ist also überhaupt kein Anpassungsverhältnis; erst wenn eine engere Begrenzung gegeben ist, sind die Erscheinungen als solche zu betrachten. Hierfür ergibt sich, wie gezeigt, folgende praktische Regel:

Die Verhältnisse zwischen Form und Funktion, die nur nach der indirekten Methode nachgewiesen und begrenzt werden können, sind nicht als Anpassungsverhältnisse zu betrachten, indem sie nur die mechanisch gegebene Begrenzung der Funktionen ausdrücken.

Wenn ein Organismus dagegen im allgemeinen nur einen enger begrenzten Teil seiner prospektiven Funktionen ausübt, der seinem Mechanismus zufolge besonders leicht ist, d. h. der mit einem im Verhältnis zur ausgeübten Arbeit geringen Kraftverlust vor sich geht, und dessen Resultate für den bezüglichen Organismus besonders günstig sind, so besteht ein Anpassungsverhältnis zwischen diesen enger begrenzten reellen Funktionen und der Form, d. h. zwischen dem Organismus und seiner Lebensweise, den positiv bestimmten Anpassungsverhältnissen zu den Umgebungen entsprechend. Im allgemeinen stellt man sich auch den Inhalt des Anpassungsbegriffs nach dieser Definition vor. Die Organismen werden nur als an jene Funktionen angepaßt betrachtet, zu denen sie am besten befähigt scheinen, nicht an alle ihre Möglichen. Ein Bär kann z. B. auf zwei Beinen gehen, wird aber doch als an den vierfüßigen Gang angepaßt angesehen, ein Mensch kann dagegen wohl auf allen Vieren gehen, ist aber nur an den zweifüßigen Gang angepaßt, usw.

Wenn nun auch nachgewiesen werden kann, daß diese speziellen der prospektiven Funktionen, zu denen der Organismus, seiner Konstruktion zufolge, im Anpassungsverhältnis stehen möchte, auch die allgemein ausgeübten oder »benutzten« sind, so ist damit ein reelles Anpassungsverhältnis nachgewiesen worden, und unsere Frage wird dann: Wodurch wird bewirkt, daß die Organismen eben diese günstigen und nicht irgendwelche anderen ihrer prospektiven Funktionen ausüben? Unwillkürlich stellt sich bei dieser Fragestellung die Antwort augenblicklich ein: Die Organismen wählen natürlich ihre auszuübenden Funktionen, wie wir oft haben wahrnehmen können, und es auch selbst bei unserem Leben und Treiben tun, obwohl nicht alle Wahltätigkeit bewußt sein muß.

Durch diese einfache Antwort werden aber alle Anpassungsverhältnisse zwischen Form und Funktion ohne irgendwelche Hypothese phylogenetischer Anpassung der Organismen ohne weiteres erklärlich. Die Funktionen sind durch Wählen der Organismen zu den an die Formen angepaßten begrenzt worden, nicht umgekehrt. Die Antwort scheint uns aber vielleicht im ersten Augenblick etwas zu einfach, und das ist wahrscheinlich auch die Ursache davon, daß ihre logische Reichweite und Bedeutung von den Dezendenztheoretikern so vollständig unterschätzt oder nicht beachtet worden ist. Wenn wir aber die Wahltätigkeit näher untersuchen, verschwindet zugleich die verdächtige Einfachheit.

Erstens werden wir untersuchen, wie das Wählen sich bei den »höchsten« Organismen, den Menschen, vollzieht. Von den vielen Locomotionen, die an sich für den menschlichen Körper möglich sind, werden einige, wie z. B. Kriechen usw. als anstrengend und in ihrer Wirkung relativ wenig günstig empfunden, während der aufrechte Gang leicht und günstig scheint, und deshalb zur normalen Locomotion gewählt wird. Schon die koordinierten und gerichteten Bewegungen, wie Kriechen und Krabbeln, beruhen aber auf einer Anpassung der Muskelkontraktionen, einer Auswahl aus den planlosen, »ungeordneten«, die gar keine Locomotion hervorrufen.

Untersuchen wir noch ein anderes Beispiel, wo das Angepaßtsein der Funktion dunkler scheint. Vom Schwimmen einer Roche (Raja) werden wir zu sagen geneigt sein, daß dies ihre einzige prospektive Locomotion, und demnach nicht positiv bestimmt durch Wählen sei. So ist es indessen nicht. Von den vielen planlosen Muskelkontraktionen, die für die zahlreichen Flossenmuskeln dieses Fisches an sich möglich wären, übt die Roche beim Schwimmen nur ganz bestimmte »angepaßte« Kontraktionen aus, die eine Wellenbewegung der kolossalen, ausgebreiteten Brustflossen hervorrufen. Erstens sind also die koordinierten Bewegungen nicht die einzigen Funktionen, die für die Locomotionsorgane an sich möglich wären, sondern schon als solche sind sie Resultate einer »Anpassung« oder Wahltätigkeit; zweitens werden im allgemeinen nicht alle möglichen koordinierten Bewegungen ausgeübt, sondern wieder nur eine kleine Auswahl. So besteht die Locomotion der Roche nicht aus irgendwelcher Schwimmtätigkeit, sondern nur aus einer ganz bestimmten Form derselben.

Nach unserem Satz von der Bestimmung der reellen Funktionen durch den Totalitätsmechanismus des Organismus und seiner Umgebungen, scheint es aber, als ob die Funktionen eindeutig bestimmt sein müßten. Unser Wissen ist indessen noch bei weitem nicht hinreichend zur Deutung dieses Totalitätsmechanismus und zur Herleitung seiner Gesetze; wenn wir ein Anpassungsverhältnis betrachten, untersuchen wir nur ein Organ oder eine Gruppe von solchen, nie den ganzen Organismus mit dem Nervensystem, der inneren Sekretion, den cytologischen Vorgängen in den tausenden Zellen usw. Durch solche Untersuchung »losgerissener« Organe können wir keine eindeutige Bestimmung einer reellen Funktion finden, sondern nur zahlreiche prospektive Funktionen herleiten. Erst durch die Außenbedingungen und die Einwirkung des übrigen Organismus in seiner Ganzheit mittels Reizleitung, Nahrungszufuhr usw. erhalten die reellen Funktionen ihre eindeutige Bestimmung. In dieser Einwirkung des übrigen Organismus liegt die Wahltätigkeit, die besonders durch die Reizung und Reizleitung vermittelt wird, die überall im Leben der Organismen nachgewiesen worden ist. Es ist in dieser Verbindung gleichgültig, ob das Wahlvermögen mechanisch oder vitalistisch, oder in anderer Weise dualistisch aufgefaßt wird, wenn nur seine Wirksamkeit und deren Resultate als Tatsachen anerkannt werden. Der Mechanismus dieses Wählens ist jedenfalls noch nicht gefunden und gedeutet worden, der Vorgang muß deshalb im Verhältnis zu einem jeden anderen Vorgang des Organismischen, dessen Teilmechanismus (Organ) bekannt und gedeutet ist, als eine Funktion des übrigen Organismus oder anderer Mächte betrachtet werden. Wir betrachten also eine jede Tätigkeit eines Organismus als durch drei Faktoren bestimmt: die Funktionsbedingungen der Umwelt, die konstruktionsmäßigen Möglichkeiten des fungierenden Organs und die Einwirkung von dem oder durch den übrigen Organismus. Das Wählen brauchen wir hier nur als den letztgenannten der erwähnten drei funktionsbestimmenden Faktoren definieren, indem wir aber doch die Bedingung damit verknüpfen, daß diese Einwirkung des übrigen Organismus durch irgendwelche der sie zusammensetzenden Komponenten, in gewissen Grenzen der Funktion eine günstige Bestimmung geben kann.

Wenn der Gedanke, daß die Organismen so ihre Funktionen an die Organe anpassen, vielleicht etwas kühn scheint, wird dieser Eindruck sogleich abgeschwächt, wenn wir fragen, ob es denkbar ist, daß es anders wäre. Können wir uns wirklich denken, daß ein Organismus sein ganzes Leben unter Ausüben weniger günstiger und anstrengenderer Funktionen als notwendig durchlebte, sozusagen ohne seine Anlagen zu entdecken? Daß, um ein extremes Beispiel zu benutzen, ein Vogel am Boden umherlaufend blieb, weil er einfach nicht ahnte, daß er fliegen konnte? Oder daß ein Mensch sein ganzes Leben auf allen Vieren umherkroch, weil es ihm nicht eingefallen war, daß er aufgerichtet gehen konnte?

Ebensolche Vorgänge müssen aber vorausgesetzt werden, wenn man sich die phylogenetischen Veränderungen der Organe »als Anpassungen an neue Funktionen entstanden« denken will; denn die neuen Funktionen müssen ja dann schon, ehe das fungierende Organ aus der alten Anpassungsrichtung in die neue übergeführt worden ist, angefangen werden, denn diese Veränderung der Entwicklungsrichtung soll ja erst eine Folgeerscheinung des Funktionswechsels sein. Der Organismus muß also konsequent Funktionen ausüben, die anfangs weniger günstig sind als andere prospektive Funktionen, die der bisher gefolgten Anpassungsrichtung entsprechen. In einigen Fällen mag ein solcher Funktionswechsel natürlich aus peribologenetischen Gründen erzwungen sein, in der großen Mehrheit der Fälle aber, wie z. B. bei der allmählichen Entwicklung der Digitigradie u. a. m. handelt es sich gar nicht um Zwang aus äußeren Umständen; und welche mystischen Mächte sollten dann die Organismen zu diesen Anstrengungen zwingen? Sie leiden hoffentlich nicht an eugenetischen Bestrebungen. Später werden wir auch sehen, wie die Annahme eines solchen Benehmens der Organismen mit den übrigen Hypothesen derselben Dezendenzlehren in Widerspruch geraten muß.

Wenn ein Organismus seine Funktionen durch Wählen angepaßt hat, sind die dadurch erreichten Resultate im Verhältnis zu den durch Wahl der Umgebungen erreichten Anpassungsverhältnissen von wesentlich verschiedener Bedeutung für die Phylogenese. Die auserlesenen Umgebungen werden von Generation zu Generation »übergeführt«, indem die Nachkommenschaft ja nur im Gebiete der Elterngeneration entsteht. Das erreichte Anpassungsverhältnis wird in dieser Weise eine phylogenetische Erwerbung, die keiner Neuerwerbung für jede Generation bedarf, sondern nur eine Erhaltung durch feste Begrenzung, solange Organismen und Umgebungen beide von derselben Natur sind wie die Betreffenden, zwischen denen das Anpassungsverhältnis ursprünglich entstand. Die phyletische Geschichte der Funktionen ist aber eine diskontinuierliche, sie werden nicht von Eltern zu Abkömmlingen übergeführt, folglich können die erworbenen Anpassungsverhältnisse zwischen Form und Funktion auch nicht phyletische, sondern nur individuelle Erwerbungen sein, die von jeder Generation, jedem einzelnen Individuum aufs Neue erworben werden müssen.

Wenn aber die ganze Adaptiogenese der Funktionen sich also im Laufe des Lebens jedes Individuums vollziehen muß, sollten wir erwarten, daß sie verhältnismäßig leicht nachgewiesen und beobachtet werden könnte, jedenfalls bei den Organismen, deren Leben einigermaßen gut bekannt ist. Wir untersuchen deshalb erst wie diese Adaptiogenese bei den Menschen, bei uns selbst verläuft. Wir werden z. B. unsere locomotorischen Funktionen angepaßt? Dadurch, daß wir gehen »lernen«. Von den ersten zweck- und planlosen Muskelkontraktionen, durch koordiniertes Kriechen bis aufrechtem Gehen vollzieht sich die Adaptiogenese der Locomotionen, die in diesem Falle »Lernen« genannt wird, bei den Kindern. Jedes Kind muß dasselbe Lernen aufs Neue durchmachen, ehe es die für seine Organisation günstigste Locomotionsart erreicht hat. Vielleicht möchten wir aber denken, daß das Wesen des »Lernens« sich nicht auf eine allmähliche Anpassung der Funktionen gründet, sondern nur darauf, daß die Organe erst allmählich imstande werden, ihre »eigentlichen« Funktionen auszuüben. Ein anderes Beispiel zeigt aber sofort, daß es nicht so ist. Wenn zwei Männer von gleichem Alter und gleicher Entwicklung bezugs des autonomen Teils der Ontogenese, — deren beider Glieder also an sich dieselbe Leistungsfähigkeit besitzen, von denen aber der eine während seiner Jugend schwimmen gelernt habe, der andere nicht, — ins Wasser fallen, schwimmt natürlich der erste leicht herum, während der zweite ganz hilflos ist, obgleich sein Körper ganz dieselbe morphologische Entwicklungsstufe erreicht hat wie der des ersteren. Die Schwimmfähigkeit ist also nicht einfach eine Folge der erreichten Schwimmleistungsfähigkeit der Organe, sondern sie fordert auch, daß die Schwimmbewegungen angepaßt worden sind. Die Parallelität zwischen der Entwicklung der Organe und der Adaptiogenese gründet sich nur darauf, daß die Organismen vom Anfang ihrer selbständigen Existenz an die unter ihren »normalen« Lebensbedingungen günstigen Funktionen augenblicklich anzupassen suchen werden; diese Anpassung wird folglich der Entwicklung der Leistungsfähigkeit unmittelbar folgen. Wenn die Organismen später in andere Lebensbedingungen gelangen, in denen die früher angepaßten, »normalen«

Funktionen unmöglich werden, und andere Funktionen deshalb angepaßt werden müssen, zeigt sich also wie in unserem Beispiel, daß der Zusammenhang zwischen Ontogenese und Adaptiogenese nur chronologisch ist.

Durch ihr Wahlvermögen werden die Organismen also aus den vielen planlosen Muskelkontraktionen und Bewegungen diejenigen einstellen, die durch ihren Kraftverlust oder in anderer Weise in ihrer Ausübung oder ihren Resultaten schädlich wirken, während sie mit denjenigen fortzufahren versuchen werden, die »angenehmere Wirkung« haben, d. h., mit kleinerem Kraftverlust und günstigen Resultaten verlaufen. In dieser Weise werden die letzteren Bewegungen usw. häufiger und dauerhafter ausgeübt werden, wodurch ihren Rückwirkungen auf den Organismus eine größere Gelegenheit gegeben wird, die übrigen, nur indirekt teilnehmenden Organe für die bezüglichen Funktionen zu koordinieren. Diese Koordination verläuft bei den Menschen und den höheren Tieren wahrscheinlich vorwiegend durch das Nervensystem, wodurch z. B. die Funktionen des statischen Organs und des Muskelsinnes, die Blutzufuhr, die Bewegungen der Arme und vieles mehr mit den Bewegungen der Beine bei aufrechtem Gang koordiniert werden. Die Koordination fordert logisch nicht notwendig eine übernatürliche Erklärung; gleiche Erscheinungen sind auch bei den Funktionen anorganischer Konstruktionen wohl bekannt, wenn z. B. eine Maschine nach kurzem Gebrauch sicherer und besser funktioniert als von Anfang an, oder wenn sie, nachdem einer ihrer Teile durch einen Unfall unregelmäßig verändert worden ist, oft ohne Reparation bald wieder gut funktioniert, indem die Funktion selbst ihre Hindernisse entfernt. So mögen wir uns auch die Koordination in der organismischen Welt mechanisch als ein »Bahnbrechen« durch den ganzen Organismus hindurch denken, nur sind die Fälle hier natürlich unendlich viel komplizierter, als die wahrnehmbaren Erscheinungen des Anorganischen.

Durch die Koordination wird das Vermögen der Organismen, die ausgewählten Funktionen hervorzurufen und fortdauernd auszuüben, verhältnismäßig gesteigert, wodurch diese Funktionen nach und nach zu den »Normalen« werden, d. h., sie werden angepaßt, oder »gelernt«.

Dasselbe »Lernen« oder Anpassen der Funktionen finden wir überall, wo die individuelle Lebensgeschichte der Organismen hinreichend leicht zu beobachten und zu deuten ist. Die Vögel lernen das Fliegen, und bei den meisten höheren Wirbeltieren überhaupt sehen wir, daß die Jungen erst allmählich die Funktionen auszuüben lernen, »an die

die bezügliche Art angepaßt« gilt. Suchen wir im Organismenreich weiter herab bei den »niederen« Organismen, so wird es aus vielen Ursachen wahrscheinlich, daß die Adaptiogenese der Funktion schwierig oder unmöglich nachzuweisen wird. Erstens weicht die Lebensweise dieser Organismen mehr und mehr von den menschlichen Eigenerfahrungen ab, und wird deshalb für die menschlichen Gedanken immer schwieriger zu deuten, je niedriger die bezüglichen Organismen sind. Schon bei den höheren Wirbeltieren läßt sich nur die Anpassung der locomotorischen Funktionen leicht beobachten, wegen der, im Verhältnis zu den Umgebungen und dem Beobachter besonders hervortretenden Resultate dieser Funktionen. Zweitens ist die Spezialisierung der niederen Organismen geringer, und die Charaktere ihrer Funktionen dadurch weniger ausgeprägt bestimmt, die Linien ihrer Adaptiogenese werden deshalb wahrscheinlich nicht so klar abgesteckt sein, während sie aus demselben Grunde zugleich einen schnelleren Verlauf haben kann, was auch durch die kürzere Lebenszeit dieser Organismen bestätigt wird. Endlich wird die Adaptiogenese der Funktionen bei den niederen Organismen in viel höherem Grade, als es bei den Vögeln und Säugetieren der Fall ist, von der Organogese verborgen. Während die Jungen der Vögel und Säugetiere erst nachdem sie beinahe fertig-differenziert und den Erwachsenen ziemlich gleich sind, ihr selbständiges, aktives Leben beginnen, und folglich eine plötzliche, deshalb leicht wahrnehmbare, postorganogetische Anpassung ihrer meisten äußeren, d. h., in direkter Beziehung zu den Umgebungen wirkenden Funktionen unternehmen müssen, beginnen dagegen die niederen Organismen ihre Selbständigkeit schon auf viel früheren Stufen, oder sind überhaupt immer selbständig, und werden folglich ihre Funktionen allmählich anpassen, je nachdem die allmähliche Organogese es möglich macht. Auf jeder einzelnen Entwicklungsstufe werden die vor sich gehenden Anpassungsprozesse minimale sein. Die ganze Adaptiogenese wird ja dann ebenso langsam wie die Organogese, und diese ist nur sehr selten als Vorgang sichtbar, wird aber durch ihre Resultate nachgewiesen. Der Charakter der Adaptiogenese kann aber nicht durch ihre Resultate nachgewiesen werden. Sie wird, wenn nachweisbar, als ein allmählich verschwindendes Schwanken der Funktionsweisen hervortreten, bei der allmählichen Adaptiogenese wird aber dies Schwanken so klein, daß es kaum sichtbar ist.

Es ist also aus diesen vielen Gründen apriorisch zu erwarten, daß die Adaptiogenese der Funktionen, das Lernen, sich nur bei den höchsten Organismen beobachten läßt, und es steht somit nicht in Widerspruch zu unserer Theorie, sondern spricht eher zu ihren Gunsten, wenn man den Vorgang nicht bei den niederen Organismen nachweisen kann.

Solange die Abkömmlinge dieselben morphologischen Charaktere wie die Elternindividuen entwickeln, müssen wir auch annehmen, daß sie ungefähr dieselben Funktionen ihren gleichen Organen anpassen. Da diese Anpassung wie erwähnt für jedes einzelne Individuum aufs Neue vor sich gehen muß, kann das Individuum natürlich nur auf Grundlage seiner eigenen Form seine Funktionen wählen, und es ist dabei ganz gleichgültig, ob seine Form derjenigen der Eltern- und Geschwistern-Individuen gleich ist, oder nicht. Ein Mutant wird ebenso selbstfolglich Funktionen wählen, die an seine mutierte Form passen, wie die typischen Individuen typische Funktionen wählen; denn für jedes von ihnen an sich existieren nur seine eigenen Formen und Funktionen, ganz unabhängig von denjenigen jedes anderen Individuums; es ist in keiner Weise so, daß die Mutanten vor anderen typischen Individuen »neue« Funktionen an ihre Organe anpassen müssen; denn die Funktionen sind, gleichgültig ob sie denjenigen der Eltern entsprechen oder nicht, für jedes einzelne Individuum gleich neu.

Nur wenn wir bei einer abstrakten Betrachtung die phylogenetische Diskontinuität der Funktionen überspringen, und ihre phylogenetische Geschichte neben der Geschichte der Formen wie eine Ganzheit behandeln, dürfen wir von einer Anpassung besonders »neuer« Funktionen sprechen, wenn wir aber so die Bezeichnung »neu« in phylogenetischer Hinsicht verwenden, ist dies nur ein abstrakt vereinfachtes und zusammengedrängtes Bild, das keinem reellen Verhältnis entspricht.

Wenn ein Mutant also in einer phylogenetischen Linie entsteht, werden die Funktionen, die dieser sich anpaßt, andere als die von den typischen Individuen ausgeübten sein; je nachdem der Bestand der Art in den Mutanten übergeht, werden die phylogenetisch »alten« Funktionen zu Gunsten der phylogenetisch »neuen« verschwinden. So werden die Veränderungen der Funktionen in den phylogenetischen Linien, dicht nach, oder zusammen mit den Veränderungen der Formen folgen, nicht kürzere oder längere Zeit vor der Formveränderung, wie von den gewöhnlichen Anpassungslehren verlangt wird.

Wir erinnern uns, daß beim positiven Bestimmen eines phylogenetisch neuen Anpassungsverhältnisses zwischen Organismus und Umgebungen auch die potentielle negative Begrenzung oft in derselben

Richtung nachfolgte; gibt es dann entsprechende Vorgänge beim positiven Bestimmen phylogenetisch »neuer«, »angepaßter« Funktionen? Kommt es, mit anderen Worten vor, daß ein Organismus, der in phylogenetischer Veränderung begriffen ist, und der folglich neue Funktionen anpaßt, durch die fortgesetzte Veränderung, sein Vermögen, frühere »ursprüngliche« Funktionen auszuüben verliert, so daß die neuen Funktionen neben dem positiven Bestimmtsein auch eine angenäherte negative Begrenzung bekommen? (Wir sprechen hier nur um des Bildes willen von negativ begrenztem Verhältnis in dieser Verbindung.) Solche Erscheinungen sind es eben, die uns bei der Rudimentation entgegentreten. Die Rudimentation tritt in Verbindung mit dem Überflüssigmachen des Organs auf, d. h., in Verbindung mit dem Anpassen »neuer« Funktionen an den jetzt in Beziehung auf andere Organe schon veränderten Organismentypus, oder mit einer, den peribologenetischen Veränderungen des Anpassungsverhältnisses entsprechenden »neuen« Funktionswahl, wodurch in beiden Fällen die bezüglichen »alten« Funktionen und deren Organe überflüssig gemacht worden sind. Dieses rein statistisch gemeinschaftliche Auftreten der Rudimentation und des Überflüssigmachens ist als Ausdruck eines direkten Causalverhältnisses zwischen den beiden Erscheinungen gedeutet worden, indem man das Überflüssigmachen als Ursache, die Rudimentation als Folge betrachtet. Wenn es so sein soll, müssen wir wieder den Organismen die früher (S. 31) besprochenen, mystischen, zweckmäßig wirkenden Fähigkeiten zuschreiben; denn die Rudimentation der überflüssigen Organe in dieser Weise betrachtet, ist nichts anderes als die negative Seite einer zweckmäßig gedachten Phylogenese; es wird deshalb hier nur auf die frühere Besprechung hierüber verwiesen. Wenn wir aber nicht zu solchen Annahmen greifen wollen, ist es doch trotzdem ohne weiteres einleuchtend, daß die Rudimentation nur stattfinden kann, wenn die Funktion des Organes überflüssig geworden ist, oder wegen anderer Fähigkeiten des Organismus überflüssig gemacht werden kann, durch Anpassung »neuer« Funktionen an den übrigen Organismus, d. h. durch Lebensweiseveränderungen, die von der Rudimentation selbst durch das Wahlvermögen der Organismen hervorgerufen werden. Wenn nämlich in einer phylogenetischen Linie eine Rudimentation nicht-überflüssiger Organe anfängt, so ist es klar, daß diese Linie schon auf einer sehr frühen Stufe verschwinden muß, längst ehe die Rudimentation zu einem rudimentären Organ führen kann. Dies ist vielleicht eine häufige Ursache des phylogenetischen Aussterbens, wie später näher besprochen wird (S. 59). Das gemeinschaftliche Auftreten der Rudimentation und des Überflüssigmachens erklärt sich also vollständig befriedigend, wenn wir anstatt die Überflüssigkeit als Ursache zu betrachten, sie nur als notwendige Bedingung für das phylogenetische Durchführen des Rudimentationsprozesses anschauen. So war in der Stammesgeschichte der Pferde die Möglichkeit dafür, daß die Rudimentation der Zehen durchgeführt werden konnte, dadurch bedingt, daß die Pferde sich auf Gebiete beschränken konnten, wo die Zehen überflüssig wurden.

Zusammenfassung der hergeleiteten Theorie der Adaptiogenese.

Wenn ein positiv bestimmtes Anpassungsverhältnis zwischen Organismus und Funktionen besteht, so erklärt sich dies nach unserer Theorie als durch Wählen der wegen des Baues der Organe günstigsten Funktionen entstanden. Die reellen Funktionen sind indessen von den für Organismus und Umgebung gemeinsamen prospektiven begrenzt, und durch ihren Totalitätsmechanismus bestimmt. Nehmen wir an, daß ein Anpassungsverhältnis zwischen einer Art und ihren Umgebungen sowohl als ihren Funktionen besteht, und daß in dieser Art gewisse Mutanten auftreten, so werden die letzteren, wie früher besprochen, »neue« Funktionen zu wählen versuchen, nämlich die unter den gegebenen Umständen für ihre abgeänderten Organe möglichst günstigen; die Bedingung dafür aber, daß dies Wählen der für den neuen Typus unter den gegebenen Umständen günstigsten Funktionen zur Ausübung von für den Organismus hinreichend günstigen Funktionen führen soll, ist natürlich, daß solche fortdauernd unter den für Organismen und Umgebungen gemeinsamen prospektiven Funktionen sich finden. Bei der Mutation sind ja die prospektiven Funktionen des Mutanten, und damit auch ihre, mit den Umgebungen gemeinsamen andere geworden, als diejenigen der typischen Individuen. Wenn aber auch unter den gemeinsamen prospektiven Funktionen des Mutanten und der Umgebungen sich hinreichend günstige finden, wird der Mutant ruhig in dem Gebiete verbleiben, wo er entstanden ist oder entsteht, indem er nur die, für die veränderte Form günstigste der gegebenen möglichen Funktionen zum Ausüben wählt.

Hat dagegen der Mutant unter seinen »neuen« prospektiven Funktionen keine hinreichend günstigen mit den Umgebungen in denen er lebt, gemeinsam, so muß er entweder zu Grunde gehen, oder nach anderen Umgebungen entweichen, wo er Gelegenheit hat, günstigere Funktionen auszuüben. Das letzte wird wahrscheinlich von den allermeisten Organismen, mechanisch oder nicht-mechanisch durch ihr Wahlvermögen jedenfalls versucht werden, ob der Versuch gelingen wird oder nicht, hängt von den äußeren Umständen ab. Vorausgehend (S. 21) wurde die allgemeine Anerkennung solcher Organismenflucht oder Wanderung aus peribologenetischen Ursachen besprochen, gleichzeitig ist auch gezeigt worden, wie als logische Konsequenz daraus auch die Wanderungen aus phylogenetischen Ursachen anerkannt werden müssen, denn für das einzelne wandernde Individuum gibt es in beiden Fällen nur günstige oder ungünstige Verhältnisse zu den Umgebungen; ob die Gunst oder Ungunst des Verhältnisses phylogenetisch oder peribologenetisch entstanden ist, ist ihm gleichgültig und »unbekannt«, wenn die Migrationstätigkeit in dem einen Falle ausgelöst wird, muß sie folglich auch nach denselben Gesetzen im anderen Falle ausgelöst werden. So geschah es eben in unserem Beispiel aus der Geschichte der Pferde. Die kleinen Unterstützungsebenen der reduzierten Glieder geben keine günstigen prospektiven Funktionen gemeinsam mit denen des weichen Bodens, die Pferde müssen deshalb ihre Zuflucht zu dem festen Boden nehmen, wobei sie sich gleichzeitig in Anpassungsverhältnis sowohl zu den Umgebungen, als zu den Funktionen bringen. Dieses zweifache Resultat einer Migration tritt uns in einem anderen gedachten Beispiel klarer entgegen. Wir wissen nämlich von den Affen, daß sie sich wohl dem Boden entlang bewegen können. Diese Locomotionsweise ist aber in ihrer Ausübung sowohl als in ihren Resultaten nur wenig günstig, die Affen wählen deshalb nicht die offenen Steppen als Aufenthaltsort, sondern die Wälder, wo sie im Klettern ein günstiges Ausnützen ihrer Glieder finden.

Wir sehen jetzt, was gemeint wurde, als wir früher erwähnten, daß das Anpassungsverhältnis zwischen Organismus und Umgebungen von einer höheren Ordnung war, als das Anpassungsverhältnis zwischen Form und Funktion. Denn bei den morphologischen Abänderungen im Laufe der Phylogenese versuchen die Organismen zuerst phylogenetisch neue Funktionen für ihre abgeänderten Organe zu wählen; erst wenn dies unmöglich, oder nur für wenig günstige Funktionen möglich ist in den Umgebungen, in denen die neuen Organismentypen entstehen, suchen sie durch Wählen neuer Umgebungen auch das

Wählen der für die veränderten Organe günstigen Funktionen möglich zu machen. Eine Begrenzung der Umgebungen wird immer auch eine Begrenzung der Funktionen bedeuten, während das Umgekehrte nicht logisch notwendig ist, solange es sich nur um spezifische Begrenzung handelt, nicht um die absolute Begrenzung des Organismendaseins überhaupt. In gleicher Weise bedeutet ein positives Bestimmen der Umgebung auch ein Bestimmen der Funktionen, während positiv bestimmte Funktionen und negativ begrenztes Verbreitungsgebiet wohl vereinbar sind, indem die negative Begrenzung der Umgebung dadurch gegeben wird, daß die Organismen dort nicht leben können, wo die Ausübung der bezüglichen positiv bestimmten Funktionen nicht möglichist.

Schematisch können wir nun die hier abgeleitete Dezendenzlehre folgendermaßen darstellen.

Die Phylogenese verläuft selbständig, d. h. für sich ohne irgendwelche Rücksicht auf die Bedürfnisse der Organismen, vielmehr nur den physikalisch-chemischen Gesetzen folgend.

Negativer Inhalt des Darwinismus.	Nur werden die im ganzen möglichen Linien durch die totale Begrenzung der Außenbedingungen auf der Erde zu den unter diesen Bedingungen lebensfähigen begrenzt.

Durch die phylogenetisch entstandene Form ist die Begrenzung der möglichen Funktionen jedes Organismus gegeben.

Der Organismus gibt seinen reellen Funktionen eine engere und günstigere Begrenzung, dadurch, daß er aus den prospektiven Funktionen die für seine Form günstigsten zur Ausübung wählt, wodurch ein positiv bestimmtes Anpassungsverhältnis zwischen Form und Funktion entsteht.	Der Organismus übt willkürlich, ohne Wählen, eine jede seiner prospektiven Funktionen aus.

Dadurch, daß der Organismus nicht leben kann, wo es ihm nicht möglich ist, hinreichend günstige seiner prospektiven Funktionen, positiv bestimmt oder willkürlich, auszuüben, d. h. wo er nicht hinreichend günstige prospektive Funktionen mit den Umgebungen gemeinsam hat, wird dem Anpassungsverhältnis zwischen Organismus und Umgebungen seine aktuelle oder potentielle negative Begrenzung gegeben.

|

Durch Wählen der günstigsten Umgebungen innerhalb dieser negativen Begrenzung des möglichen Verbreitungsgebietes entsteht ein engeres, positiv bestimmtes Anpassungsverhältnis zwischen Organismus und Umgebungen.

Der wirkende Faktor der Adaptiogenese.

Wir haben gesehen wie die Einteilung der Anpassungserscheinungen in den zwei Gruppen: Angepaßtsein der Funktionen und der Umgebungen, von der Annahme der selbständigen Phylogenese und des Wählens der Organismen aus eine reelle logische Berechtigung bekommt. Die Erscheinungen entstehen durch die Fähigkeit der Organismen ihre Funktionen und Umgebungen zu wählen oder zu bestimmen; wir werden nun den logischen Inhalt dieses Wahlvermögens untersuchen.

Schon das Vermögen, die schädlichen und ungünstigen der prospektiven Funktionen, wenn sie willkürlich ausgeübt werden, auszuschalten, wird hinreichend sein, um eine günstige Funktionswahl hervorzurufen; denn dadurch wird nur den günstigen Funktionen häufige und dauernde Gelegenheit gegeben, ausgeübt zu werden und wie früher erklärt, sich als »normale« Funktionen des Organismus auszubilden. Daß ungünstige Funktionen gerade wegen ihrer eigenen Schädlichkeit ausgeschaltet werden können, ist selbstverständlich; wenn auch diese Schädlichkeit als direkte Ursache der Ausschaltung nicht in der sichtbaren Konstruktion der Organe klar an den Tag tritt, sondern erst später in der Einwirkung der lokalen Funktion auf den übrigen Organismus, z. B. auf das Nervensystem wirkt, ist es doch auch in diesen, noch unerklärlichen Fällen gar nicht ausgeschlossen, daß die scheinbar gewählte Einstellung der Funktionen nur das automatische Resultat der weitergeleiteten schädlichen Einwirkung der (andersartigen) Funktionen auf den Ganzorganismus ist. Doch ist unsere Adaptiogeneselehre nicht von unserer Stellung zu diesem Problem abhängig, wir wollten hier nur zeigen, wie das Wahlvermögen nicht notwendig als die Fähigkeit, die günstigsten Funktionen zu wählen, aufgefaßt werden muß, sondern vielleicht nur als die Fähigkeit, die ungünstigen Funktionen auszuschließen, wodurch ein indirektes Wählen zustande kommt, das dieselben Resultate in einer leichter erklärlichen Weise herbeiführt.

Wir stellten uns das Wählen der Umgebungen in der Weise vor, daß die Organismen, wenn sie über günstigere Gebiete zogen, in diesen verbleiben würden, weil sie, nachdem sie die günstigeren Verhältnisse erfahren hätten, zurückweichen würden, wenn sie durch ihre Bewegungen wieder gegen ungünstigere Umgebungen geführt würden. Ein Vorgang, der also ganz wie die phobotaktischen Reaktionen gedacht werden muß. Was hier geschieht, ist also nur, daß eine locomotorische Funktion wegen ihrer schädlichen Wirkung eingestellt und gehemmt wird, wodurch die möglichen locomotorischen Funktionen auf diejenigen beschränkt werden, die den Organismus im Bereich der günstigen Umgebungen verbleiben lassen. (Wir können auch, wenn wir es wünschen, ein direktes Wählen der Bewegungsrichtung voraussetzen, hier wird aber immer nur die einfachste Erklärungsweise, d. h. die in ihrem ursächlichen Zusammenhang leichter verständliche gesucht, ohne daß wir unsere Auffassung der Adaptio- und Phylogenese davon abhängig machen.) Das Wählen der Umgebungen ist folglich nichts anderes als ein Spezialfall des Wählens der Funktionen, nämlich ein indirektes oder direktes Wählen der locomotorischen Funktionen bezüglich ihrer Richtung.

Wenn die Fähigkeit taktischer Reaktionen bis zu den niedrigsten Organismen nachgewiesen wurde, so bedeutet dies also nicht nur, daß die Fähigkeit, die Umgebungen taktisch, instinktiv oder bewußt zu wählen, in irgendwelcher Form überall bei den selbstbeweglichen Organismen zu finden ist, sondern auch, daß ein Beispiel des Funktionswählens überhaupt durch das ganze Organismenreich hindurch nachgewiesen worden ist, indem nämlich die Tropismen der festsitzenden Organismen in dieser Beziehung dasselbe bezeugen. Wenn also jedenfalls eine gewisse Form des Funktionswahlvermögens, nämlich diejenige Form, die der Natur der Sache zufolge am leichtesten nachweisbar ist, als erwiesene Tatsache betrachtet werden muß, gibt es keinen Grund für die Annahme, daß die Organismen nicht auch die Fähigkeit, ihre übrigen Funktionen zu wählen, besitzen.

Somit ist die als wirkender Faktor der Adaptiogenese vorausgesetzte Fähigkeit nicht bloß eine hypothetische, sondern eine oft nachgewiesene.

Vergleich der Bedingungen und Konsequenzen der verschiedenen Descendenztheorien nebst den dadurch bedingten verschiedenen Vorstellungen über die Geschichte der Organismenwelt und deren Verhältnis zu den Beobachtungen.

Durch unsere Theorie hoffen wir der Adaptiogenese eine vorläufig zufriedenstellende Erklärung gegeben zu haben, ohne damit die Phylogenese als einen davon abhängigen Vorgang betrachten zu müssen, sondern vielmehr, indem wir von der Voraussetzung ihrer Selbständigkeit ausgehen. Dadurch sollte die Lehre von der Phylogenese, d. h. die eigentliche »Descendenz«lehre. von jeder aus der Adaptiogeneselehre übernommenen vorgefaßten Meinung befreit werden, indem die Phylogenese selbst nur in Übereinstimmung mit ihren eigenen, bekannten oder noch unbekannten Gesetzen vorsichgehend gedacht wird, ob wir nun diese Gesetze nur als spezielle organische Komplikationen der allgemeinen physikalisch-chemischen Gesetze oder in anderer Weise auffassen. Die phylogenetischen Probleme können dann zu Gegenständen freier Forschung gemacht werden, ohne daß man gewisse Faktoren als apriorisch gegebene betrachten muß, und die Adaptiogenese bekommt doch ihre Erklärung als ein von der Phylogenese abhängiger Vorgang.

Wir haben schon früher gezeigt, daß unsere Theorie mit dem Darwinismus nicht eigentlich in Widerspruch gerät, indem auch der letztere durch seine Voraussetzung der gegebenen Variationen die Phylogenese selbst als selbständig betrachtet und nur durch eine logische Inkonsequenz zur Auffassung führen konnte, daß die Phylogenese von den adaptiogenetischen Gesetzen a b h ä n g i g wäre. Was, nach unserer Meinung, der einzige reelle logische Inhalt des Darwinismus ist, wird ja, wenn auch in abgeänderter Form (S. 13), als Teil unserer Theorie eingegliedert. Obliegen kann uns also nur ein Vergleich mit der lamarckistischen Auffassung.

Eine der größten Schwierigkeiten des Lamarckismus ist es, wie bekannt, seine Lehre in Übereinstimmung mit den Resultaten der Erblichkeitsforschung zu bringen, insbesondere mit den Beobachtungen über die Nichterblichkeit erworbener Eigenschaften. In unserer Theorie gibt es gar nichts, das der phylogenetischen Gültigkeit der Erblichkeitsgesetze widersprechen kann, es ist a priori überhaupt nichts von den Gesetzen der Phylogenese selbst gesagt worden.

Unsere Theorie der Adaptiogenese verlangt nur einen Faktor, der noch nicht erklärt werden kann, nämlich die Fähigkeit der Organismen, ihre Funktionen zu wählen. Dieser Faktor muß nicht a priori nach Gesetzen wirken, die außer Bereich des gewöhnlichen Causalitätsgesetzes sind, und ist durch Beobachtungen nachgewiesen worden, so daß seine Existenz nicht geleugnet werden kann. Weiterhin sehen wir, daß dasselbe Anpassen der Funktionen durch Wählen auch von der lamarckistischen Auffassung vorausgesetzt wird, erstens weil das Wählen der angepaßten Funktionen nach dieser Lehre die notwendige Voraussetzung für das Anpassen der Form ist, zweitens weil die Überführung der angepaßten Formen von Generation zu Generation nicht der theoretisch verlangten Absicht entsprechen würde, wenn die in gleicher Weise ausgestatteten Organismen nicht, soweit die Linie in phylogenetischem Ruhezustand ist, die gleichen Funktionen ausübten, d. h. wenn ein Organismus, der eine neue, an eine neugewählte Funktion eben angepaßte Form von seinen Elternorganismen übergeliefert erhielt, nicht auch dieselben Funktionen wie diejenigen der Eltern wählt, denn es wird in der zweiten Generation natürlich ebensowohl als in der ersten ein Gegenstand des Wählens sein.

Wenn wir die Auffassung geltend machen würden, daß dies Wählen nur ein Scheinvorgang ist, indem die Funktionen, wenn der ganze Organismus in Betracht genommen wird, eindeutig bestimmt sein sollen, so daß die Wahltätigkeit nur eine Pseudobeobachtung ist, ließe sich dies ebensowohl mit unserer Theorie der Adaptiogenese, wie mit der lamarckistischen vereinigen. Dadurch wird aber die erstere als Erklärung der Anpassungen von unbekannten Faktoren ganz befreit, indem die Spezialisierung der vorgefundenen Anpassungsverhältnisse nur ein Ausdruck der, durch den mit der phylogenetisch sich steigernden Komplikation der Organismen zunehmenden Anspruch auf Harmonie der inneren und äußeren Lebensbedingungen, immer engeren Begrenzung der lebensfähigen Linien wird, wie später näher zu besprechen ist (S. 55). Beim Lamarckismus dagegen bleibt das mystische, überindividuelle oder phyletische Anpassungsvermögen der Stammeslinien auch bei dieser Voraussetzung ganz unerklärlich.

Unsere Theorie hat also in ihren Bedingungen ein Rätsel weniger als der Lamarckismus und im Gegensatz zu dem letzteren keine Konsequenzen, die in Widerspruch mit dem Causalitätsgesetze und den Beobachtungen der Erblichkeitsforschung geraten können.

Alle Zeugnisse von dem Verlauf der Phylogenese zeigen, daß ihre Grundlinie unbestreitbar eine Entwicklung von einfachen Formen bis zu immer komplizierteren ist. Denn die höheren Organismen können selbstverständlich nur durch Komplikation aus den niederen entstanden sein. Diese Komplikation sollte, nach dem Darwinismus sowohl als nach dem Lamarckismus als ein immer fortgesetztes Anpassen an die Lebensbedingungen vor sich gehen. Ein jedes Stadium der Phylogenese sollte deshalb im allgemeinen günstiger als das vorangehende sein, die am höchsten komplizierten Organismen sollten auch die größte Lebensfähigkeit besitzen. Dies stimmt indessen gar nicht mit den Beobachtungen überein. Wenn wir die rezente Organismenwelt überblicken, kann es keinem Zweifel unterliegen, daß die niederen, einfachen, »primitiven« Organismen weitaus die dominierenden sind, und zugleich die lebensfähigsten. Untersuchen wir die geologische Geschichte der Organismen, so finden wir, daß ein relativ »hochentwickelter« Stamm nach dem anderen aufblüht und verschwindet, während die primitiven Typen lange Zeiträume hindurch persistieren; die Lebenslänge scheint der Entwicklungs»höhe« gerade umgekehrt proportional zu sein. So sind die einfacheren Formen phylogenetisch sowohl als individuell die lebensfähigsten. An dieser Tatsache scheitern alle Theorien, welche die Phylogenese als einen vom Verhältnis zu den Lebensbedingungen in einer Anpassungsrichtung positiv regulierten Vorgang auffassen, denn sie verlangen alle prinzipiell, daß die individuelle und phylogenetische Lebensfähigkeit bei den am höchsten komplizierten Organismen die größte ist. Ferner sollten in Übereinstimmung damit die Stammeslinien, die zu den verschiedenen Organismentypen der Jetztzeit führen, durch die immer höchst differenzierten oder »angepaßten« Formen kontinuierlich sein, während die in jedem Stadium der Phylogenese einfacheren Formen nur kurzlebige Neben- oder Zwischenformen der Stammeslinien representieren sollten, indem sie entweder der einen Auffassung zufolge in der Konkurrenz mit den »höher« angepaßten gleich unterliegen oder nach anderen Auffassungen sofort weiter angepaßt werden müßten, wodurch der Typus ohne Aussterben doch verschwinden würde. Dies wird aber durch die paläontologischen Befunde vollständig widerlegt, die Stämme setzen sich eben durch die »undifferenzierten«, »unangepaßten«,

»primitiven« »Grundtypen« fort, während die auf jeder Stufe am höchsten differenzierten oder »angepaßten« verschwinden.

Durch die Theorie der selbständigen Phylogenese werden aber diese Tatsachen leicht erklärlich, sie sind einfach die direkten Konsequenzen der Selbständigkeit und Zwecklosigkeit der Phylogenese selbst. Wenn durch die phylogenetische Komplikation neue Organe entstehen, ist die erste Bedingung der fortgesetzten Existenz der bezüglichen phylogenetischen Linie, daß die prospektiven Funktionen der neuen Organe günstige oder wenigstens in ihrem Verhältnis zu den prospektiven Funktionen der Umgebungen und des übrigen Organismus nicht schädlich sind. Mit der fortschreitenden Komplikation werden aber die Bedingungen dafür, daß ein neues Organ in Harmonie mit dem übrigen Organismus und seinen Bedürfnissen sein soll, immer enger begrenzt, gleichwie es immer schwieriger wird, die einzelnen Teile einer Maschine aneinander zu passen, je mehr es davon gibt. Durch diese rein physikalisch-chemisch immer strengeren Ansprüche an das genaue Einpassen der einzelnen Teile der Organismen, wird die rein mathematische Wahrscheinlichkeit dafür, daß die Stammeslinien bei der zunehmenden Komplikation sich in lebensfähiger Richtung fortsetzen sollen, immer geringer. So wird der fortschreitende Entwicklungsvorgang durch die Komplikation geradezu eine Gefahr für die Organismenstämme. In derselben Weise erklärt sich auch die größere Empfindlichkeit der höher komplizierten Organismen für die peribologenetischen Veränderungen der Anpassungsverhältnisse, indem mit der zunehmenden Komplikation natürlich nicht nur die Ansprüche auf die Harmonie der neuentstehenden Organe sondern auch die Ansprüche auf die Harmonie der neuentstehenden äußeren Lebensbedingungen mit den übrigen und mit dem Organismus immer schärfer werden. Durch diese Konsequenzen der Theorie der selbständigen Phylogenese erklärt sich also die Erscheinung, daß die sich schnell differenzierenden oder »anpassenden« Linien nur kurzlebig sind, während die ungefähr gleichbleibenden einfachen Typen sehr lange persistieren.

Übrig bleibt nur, die oben angedeutete scheinbare Anpassungsrichtung der sich schnell differenzierenden Nebenreihen in Übereinstimmung mit den Konsequenzen der Theorie der selbständigen Phylogenese zu erklären. Bei diesen Nebenreihen finden wir gewöhnlich ein enger begrenztes Verhältnis zu den Umgebungen, eine »genauere

Übereinstimmung« mit denselben, wie man auch oft sagt: sie werden deshalb oft einfach Anpassungsreihen genannt und fast immer als solche aufgefaßt und »erklärt«. Unter ihnen finden sich sämtliche paläontologischen »Beweise« für die Anpassungsrichtung der Phylogenese selbst. Dazu ist aber erstens zu bemerken, daß sie also nur Nebenreihen sind, die eine schnelle, kurzdauernde Entwicklung durchlaufen, und dann nicht weiter führen; zweitens, daß, wenn eine Anpassungsrichtung dieser Nebenreihen wirklich nachweisbar scheint, es sich fast ausschließlich um Reduktionsreihen handelt, d. h. Reihen, die durch Reduktionen aus einem Grundtypus entstanden sind, oder deren Entwicklung so tiefgreifende Reduktionsvorgänge beigemischt sind, daß die prospektiven Funktionen und Lebensweisen der bezüglichen Organismen dadurch beschränkt werden. Wie z. B. die »Anpassungsreihe« der Pferde aus einem Phenacodus ähnlichen »Grundtypus« entstanden ist. Diese Nebenreihen gehen also nach einer Richtung, welche von derjenigen der sich komplizierenden Grundreihen ganz abweicht, ihr teils sogar entgegengesetzt ist; es gibt folglich durchaus keine Berechtigung dazu, die hypothetischen Schlußfolgerungen aus den Beobachtungen über die »Anpassungs«nebenreihen für den Grundstamm der Phylogenese gültig zu machen. Es ist vielmehr gerade unwahrscheinlich, daß zwei derartig entgegengesetzte Vorgänge denselben Gesetzen gehorchen sollten. Es gibt auch keine Beobachtungen über die phylogenetischen Grundstämme oder Grundtypenreihen selbst, die eine Anpassungsrichtung derselben zeigen können; die Grundtypen, deren Reihen die Kontinuität der Phylogenese herstellen, werden vielmehr schlechthin als unangepaßt und primitiv bezeichnet. Niemand hat z. B. sagen können, warum, und zu welchem Zwecke gerade 5 Zehen und 44 Zähne und nicht irgendwelche anderen Zahlen derselben im Säugetiergrundtypus entwickelt worden sind. Wenn sich also keine Zweckmäßigkeit der Grundrichtung der Phylogenese selbst nachweisen läßt, so ist die einzige logisch natürliche Schlußfolgerung daraus die, daß die Phylogenese selbst ohne Rücksicht auf die Lebensbedingungen vor sich geht, nur müssen die phylogenetischen Linien auf die unter den gegebenen Außenbedingungen lebensfähigen begrenzt sein; was außerhalb dieser Begrenzung fällt, wird natürlich, ehe es noch eine Linie zu bilden vermocht hat, vernichtet werden. Endlich ist die Deutung der »Anpassungs«nebenreihen als Resultat eines Anpassungsvorgangs gar nicht notwendig, nicht einmal wahrscheinlich. Die engere

Begrenzung der Verhältnisse zwischen diesen Nebenreihen und deren Umgebungen ist vielmehr rein negativ aufzufassen, indem sie gerade durch die Reduktionen und die dadurch verursachte Beschränkung der prospektiven Funktion, d. h. der prospektiven Lebensweisen, entstanden ist, nicht umgekehrt. Die »primitiven« Grundtypen können die verschiedensten Funktionen ausüben, d. h. sie können ihre Lebenstätigkeiten in den verschiedensten Umgebungen ausüben. Die reduzierten Typen dagegen sind auf gewisse, enger begrenzte Funktionsmöglichkeiten angewiesen, und müssen dadurch auch auf die Umgebungen, in denen sie diese Funktionen ohne Gefahr ausüben können, beschränkt sein. Die vierzehigen Pferde können sowohl auf weichem wie auf hartem Boden laufen, die einzehigen aber nur auf hartem, die letzteren sind in ihrem Anpassungsverhältnis folglich enger begrenzt, oder wie man sagt, sie zeigen »höhere Differentzierung und Anpassung«. In dieser Weise lassen sich die engeren Anpassungsverhältnisse der reduzierten Typen in Übereinstimmung mit dem Unangepaßtsein der Grundtypen, d. h. mit deren relativ begrenzungslosen Verhältnissen zu den Außenbedingungen, leicht verstehen.

Neben den ectorganismischen Verhältnissen, die zur Einführung des Anpassungsbegriffs geführt haben, gibt es auch innerhalb des einzelnen Organismus eine andere, in sich geschlossene Reihe von Verhältnissen, die gleichfalls zweckmäßig reguliert scheint; es sind die Erscheinungen, die unter dem Begriffe der Organisation des Organismus zusammengefaßt werden. Die Begriffe Anpassung und Organisation sind nicht in allen Fällen klar zu unterscheiden. Organisation möchten wir als den Ausdruck der gesetzmäßigen, inneren Korrelation der einzelnen Teile des Organismus definieren, Anpassungsverhältnis wird dann der Ausdruck der Korrelation der Innen- und Außenbedingungen zu einander, die innere Korrelation der Außenbedingungen findet dementsprechend endlich ihren Ausdruck in den physikalisch-geographischen Gesetzen der Umgebungen. Es ist wahrscheinlich viel mehr durch den Organisationsunterschied zwischen niederen und höheren Organismen, als durch die eigentlichen »Anpassungserscheinungen« bedingt, daß die Gedanken der Theoretiker zur Annahme einer, in irgendwelcher Weise zweckmäßig gerichteten Phylogenese geführt worden sind. Die Organisationshöhe ist aber eben das Resultat der harmonischen Komplikation, im Gegensatz zu den Resultaten irgendeines disharmonischen Entwicklungsvorgangs. Die entwicklungsfähigen unter den sich komplizierenden Linien waren aber, wie oben gezeigt wurde, notwendigerweise auf diejenigen begrenzt, die sich harmonisch komplizierten. Dadurch wird die Begrenzung der lebensfähigen Linien bezüglich ihrer Organisation immer enger, die am höchsten komplizierten können nur bei genauestem Zusammenpassen ihrer einzelnen Teile, d. h. bei höchster Organisation ihre Lebenstätigkeiten ausüben. Das allgemeine Verknüpfen der höheren Komplikation mit einer »höheren« oder feineren Organisation macht also nicht die Voraussetzung einer autonomen oder induzierten, positiven Tendenz harmonischer Entwicklung notwendig, sondern läßt sich als ein rein negativ begrenztes Gemeinsamauftreten erklären, das durch augenblickliche Vernichtung der vielen nicht harmonischen Entwicklungsanfänge bestimmt worden ist.

Schließlich ist noch die Bedeutung der phylogenetischen Komplizierung für die Verhältnisse zwischen Organismen und Umgebungen zu untersuchen. Wenn die Komplizierung, wie vom Lamarckismus und dem positiv aufgefaßten Darwinismus vorausgesetzt wird, als ein fortgesetztes Anpassen an die Umgebungen und die übrigen Lebensbedingungen vor sich geht, so sollten wir erwarten, in den aufsteigenden phylogenetischen Reihen Formen zu finden, die sich immer enger an die Umgebungen anschließen, unter immer besserem, vielseitigerem und intimerem Ausnützen der peribologenetischen Möglichkeiten, und die wegen ihrer Anpassung gerade von den Umgebungen immer besser geschützt sind. Wenn wir dagegen die Phylogenese als selbständig und zwecklos betrachten, nur ihren eigenen Gesetzen folgend, ohne Fähigkeit, sich nach dem Wechsel der Außenbedingungen zu richten, vielmehr nur durch die entsprechende Vernichtung, also rein negativ begrenzt auf die reellen Linien, die zu den heutigen Organismen führen, oder die früher eine kürzere oder längere Strecke weitergeführt haben, so sollten die lebenstüchtigsten Linien, diejenigen mit dem größten Vermögen ihre Existenz durch die wechselnden Außenbedingungen zu erhalten, diejenigen sein, die von den Umgebungen am wenigsten abhängig waren, ihnen am wenigsten angeschlossen und dadurch am besten gegen sie geschützt, weil sie von den wechselnden Beeinflussungen am besten isoliert waren. Die Grundrichtung der Phylogenese sollte dann nicht zu einer Anpassung an die Umgebungen und Beschützung durch sie führen, sondern zu einem Loßreißen von den Umgebungen und einer Beschützung gegen sie durch Isolation und Unabhängigmachen der Lebenstätigkeiten. Welche Richtung wird nun von den Beobachtungen gezeigt.

Während die niedrigsten Organismen nur aus einer einzelnen Zelle bestehen, die frei in der Umgebung lebt, finden wir unter den höheren Pflanzen und Tieren, daß ein immer größer werdender Teil des Organismus nicht in direkter Verbindung mit den Umgebungen ist, sondern einen besonderen isolierten Mikrokosmos bildet. Diese Erscheinung möchte, wenn sie allein da wäre, nur als eine Folge der durchschnittlich zunehmenden Größe der Organismen betrachtet werden. In Verbindung damit treten aber andere Erscheinungen auf, die auf andere Ursachen deuten. Der zunehmende Mikrokosmos wird durch Abschlußgewebe wie Kork, Borken, Haut, Schuppen, Federn, Haare usw. immer besser gegen die Umgebung geschützt, handelt es sich doch hier um Gewebe, die teils tot sind, die jedenfalls ohne dem übrigen Organismus zu schaden, den wechselnden Beeinflussungen der Außenbedingungen ausgesetzt werden können, während sie eine sehr wirksame Isolation des Mikrokosmos bewirken.

Der organismische Mikrokosmos wird aber nicht nur durch passive Isolationsgewebe gegen die wechselnden Beeinflussungen geschützt, sondern es gibt auch besondere Gewebe, durch welche eine aktive Steigerung der Unabhängigkeit herbeigeführt wird. Während bei den niederen Organismen die Zellen zum größten Teil direkt im Chemismus der Umgebung leben, gilt dies bei den höheren Organismen nur von einem geringen Teil der Gewebe, nämlich der Haut und den Absorptionsgeweben; die letzteren leiten die verschieden zusammengesetzten Nahrungsstoffe oder die schädlichen Stoffe, die ihnen von außen zugeführt werden, nicht direkt und ohne weiteres zu dem Inneren des Mikrokosmos weiter, sondern regulieren durch elektive Absorption den Nahrungsstrom, der nach den übrigen Organen und Geweben geführt wird, so daß die letzteren von einer Flüssigkeit von relativ sehr konstanter und unabhängiger Zusammensetzung umgeben werden. Es bleibt aber nicht dabei. Durch das Hinzutreten »der fünf Sinne« wird bei den Tieren sogar die Zufuhr zu den Absorptionsgeweben nach und nach einer Regulation unterworfen; zuletzt finden wir Tiere, die wie die meisten Säugetiere nur ganz bestimmte Nahrungsstoffe in ihre Verdauungsorgane aufnehmen.

Bei zwei verschiedenen phylogenetischen Gruppen der Wirbeltiere hat sich endlich eine Unabhängigkeit bezüglich der Temperatur der Umgebungen durch eine aktiv regulierte, konstante Körpertemperatur entwickelt.

Nun müssen aber die phylogenetischen Linien zwischen den Generationen das in sich relativ ungeschützte einzellige Stadium immer aufs neue durchlaufen. Bei den niedrigsten Organismen wird das Stadium ohne besondere Sicherheitsmaßregeln passiert, bei den höheren wird das einzellige Stadium durch isolierende Schalen und Häute geschützt, wie z. B. Samen- und Fruchtschalen, Eimembranen und Schalen usw. Die jungen Individuen, Larven, Keime, Embryonen werden durch gespeicherte Nahrung, wie Endosperm und Dotter von der Nahrungszufuhr aus der Umgebung unabhängig gemacht. Die Wirksamkeit dieser Isolation der in sich relativ ungeschützten Stadien wird dadurch erhöht, daß die Organismen einen immer größeren Teil ihrer Entwicklung im Innern von schützenden Hüllen durchlaufen; zuletzt finden wir nicht nur Isolation durch Hüllen, sondern dadurch, daß die neue Generation während ihrer Entwicklung im isolierten und selbst wieder isolierenden Mikrokosmos der Eltergeneration verbleibt, wie bei der Keimbildung der Samenpflanzen und Embryonalentwicklung der Säugetiere. Die Unabhängigkeit bezüglich der Ernährung wird dann nicht nur durch gespeicherte Nahrungsstoffe, sondern auch durch direkte Nahrungszufuhr von seiten des Elternindividuums gesichert.

Gleichzeitig geht der Befruchtungsvorgang von dem freien Aufsuchen der Eizellen zur internen Befruchtung der höheren Tiere und entsprechenden Prozessen im Pflanzenreich über.

Die ganze Ontogenese wird also allmählich immer mehr isoliert.

So zeigen alle Beobachtungen über die große Grundrichtung der Phylogenese, daß diese nicht wie ein Anpassen an die negativ begrenzten Umgebungen verläuft, sondern daß die Organismenwelt in Übereinstimmung mit unseren Annahmen auf die am besten isolierten, und von den Umgebungen unabhängigsten phylogenetischen Linien immer enger begrenzt wird.

Noch sind wir aber nicht mit der Betrachtung der Verhältnisse zwischen den phylogenetischen Linien und den Umgebungen völlig zu Ende. Von der Richtung der phylogenetischen Komplizierung gehen verschiedene Linien durch Reduktion auf sekundäre Vereinfachungen zurück. Dadurch wird die erreichte Isolation und Unabhängigkeit der Organismen gestört, infolge des durch die morphologische Reduktion verursachten Verlustes gewisser Fähigkeiten werden die Stämme von Umgebungen abhängig, in denen die bezüglichen Fähigkeiten überflüssig sind oder kompensiert werden können. Während die unreduzierten Formen der phylogenetischen Grundlinie wegen ihrer relativ großen Selbständigkeit gewöhnlich eine weite aktuelle oder potentielle negative Begrenzung haben können und demgemäß wahrscheinlich auch ein weites, reelles Verbreitungsgebiet [1]), müssen wir andererseits von den reduzierten Formen erwarten, daß sie durch enge negative Begrenzungen scharf »bestimmte« Anpassungsverhältnisse an ihre Umgebung zeigen müssen. Diese Erwartungen stimmen auch genau mit den Beobachtungen überein. Die »Grundtypen« und die ihnen nahestehenden Formen haben fast immer das größte Verbreitungsgebiet, die reduzierten dagegen treten gewöhnlich nur in Umgebungen ganz bestimmter Art auf, weshalb sie auch »spezialisierte« Formen genannt werden. In dieser Weise erklärt sich auch die früher erwähnte Eigentümlichkeit, daß die Anpassungsverhältnisse zwischen Organismen und Umgebungen wesentlich nur bei reduzierten Formen nachgewiesen worden sind. Natürlich können aber ebensowohl begrenzende Neuerscheinungen, wie begrenzende Reduktion in den phylogenetischen Linien entstehen.

Soll eine beginnende Reduktion durchgeführt werden können, so daß ihre Resultate als reduzierte Organe sichtbar werden, so ist natürlich die erste Bedingung dafür, daß sie nicht zu einer augenblicklichen Vertilgung der bezüglichen Stammeslinie führt, d. h. sie muß in innerer Harmonie und in Harmonie mit der Umgebung verlaufen. Die reduzierten Organe müssen sowohl im Verhältnis zum übrigen Organismus, wie zur Umgebung überflüssig oder ersetzbar sein.

Nun sind ja verschiedene Fälle von Reduktionen bekannt, die innerhalb der Grenzen des Lebensfähigen durchgeführt worden sind, und wir müssen deshalb, wenn wir die Phylogenese als in sich zwecklos betrachten, notwendigerweise noch das Auftreten anderer Reduktionsvorgänge voraussetzen, die auch unentbehrliche Organe angegriffen haben, und deshalb das schnelle Aussterben der bezüglichen Stammeslinien herbeigeführt haben müssen. Aus der Paläontologie kennen wir in der Tat eine Menge von mystischen, »plötzlichen« Stammesvertilgungen, die vielleicht in dieser Weise erklärt werden können. Das Mystische besteht dann nur darin, daß die Reduktionen ihrer eigenen Schädlichkeit zufolge nicht durchgeführt werden konnten und deshalb morphologisch schwierig nachweisbar sind, weil sie beim Er-

[1]) Die Möglichkeit positiv bestimmter engerer Grenzen darf wahrscheinlich in den meisten Fällen beim Betrachten des totalen Verbreitungsgebiets außer acht gelassen werden.

löschen der bezüglichen Stämme erst in ihren Anfängen begriffen waren. Endlich ist auch bei den in glücklichen Fällen durchgeführten Reduktionen die wahrscheinliche Lebensmöglichkeit der bezüglichen Formen durch deren eng begrenzte Ansprüche an die Umgebungen äußerst beschränkt.

Durch die negative Begrenzung der Lebensfähigkeit der Reduktionsreihen, oder mit anderen Worten der lebensfähigen Reduktionsreihen erklärt sich die scheinbare Zweckmäßigkeit der Reduktionen.

Rückblick.

Durch diese Betrachtungen hoffe ich gezeigt zu haben:

1. Daß Adaptiogenese und Phylogenese zwei ganz verschiedene Vorgänge sind, von welchen der erstere von dem Verlauf der letzteren abhängig ist, nicht umgekehrt.
2. Daß die Adaptiogenese ganz selbständig erklärt werden kann, ohne mit irgendwelchen apriorischen Schlußfolgerungen zur Lehre von der Phylogenese überzuführen.
3. Daß alle Anpassungsverhältnisse, soweit sie negativ aufgefaßt werden können, durch das Selektionsprinzip erklärbar sind.
4. Daß aber das Selektionsprinzip nicht im Darwinistischen Sinne verwendbar ist,
   a) indem ihm nur der Wert eines rein negativen Faktors beigelegt werden kann, der keinen richtungsbestimmenden Einfluß auf die Phylogenese selbst auszuüben vermag, sondern nur durch Vernichtung die nicht lebensfähigen Linien von den lebensfähigen abtrennt, indem er die Richtung der Lebensfähigkeit, nicht die der Phylogenese bestimmt.
   b) indem es weiter die Anpassungsverhältnisse der unter den gegebenen Umständen lebensfähigen Stammeslinien durch eine negative Auslese der Organismen nicht erklärt — wodurch ein von den Außenbedingungen bestimmtes Anpassen der Stammeslinien stattfinden sollte — vielmehr erklärt es die Verhältnisse durch eine Auslese der Umgebungen in der Weise, daß die Stammeslinien, von ihrer selbständigen Phylogenese gerichtet, sich durch angepaßte Umgebungen bewegen.
5. Daß endlich die positiv bestimmten Anpassungsverhältnisse, wenn solche gedacht oder nachgewiesen werden können, sich viel natürlicher durch die aktive Wahltätigkeit der einzelnen Organismen erklären, als durch irgendwelche Anpassungstendenz der Phylogenese.